來自土地的夢想事業

台灣食文化品牌創業紀錄

王姿婷｜莊睍英

國立政治大學
創新與創造力研究中心
Center for Creativity and Innovation Studies

遠流出版公司

來自土地的夢想事業

台灣食文化品牌創業紀錄

王姿婷｜莊睍英

目錄

導讀　半農半X──在地與創新的生機／溫肇東.................. 007

推薦序　精食與青年創業──彩繪農企業新願景／李仁芳........ 013

　　　　台灣創業力／黃小黛................................... 019

序章：

隱藏在寶島的瑰麗鑽石 025

子題一：誕生──兩種價值的起源

微農時代的巨擘觀點...................................... 036
「掌生穀粒」，為台灣依舊美好的事物掌聲鼓勵。
順勢而生的台灣休閒零嘴..................................... 062
「原味千尋」，因你而生為你講究。

子題二：呈現──用國際語言詮釋台灣在地食材

進口的在地味.. 090
「樂朋LE PONT」，簡單就能很美味。

不只吃飽、吃好、吃巧，更要在欉的「吃福」...................... 118
「在欉紅」，打造台灣在地水果果醬。

子題三：蛻變——代工到高端自有品牌

溫火慢慢熬 142
「吾穀茶糧」，客家舊食傳統化身台灣新味食茶趣。
老靈魂新面孔.. 168
「大呷麵本家」，麵食的傳產創新。

子題四：保留與延續——向土地與辛勤工作的人們致敬

台東無所有，聊寄一枝春.. 190
「春一枝商行」，傳遞台灣美好。
一年一會，不失約 218
「茶山花印」，向默默堅持的農友致敬。

結論：

生活的微改變，品牌、產業、需求間的微關係...................... 245

導讀

半農半X
在地與創新的生機

國立政治大學科技管理與智慧財產研究所教授　**溫肇東**

　　台灣過去的繁榮從加工出口區到科學園區，從鳳梨、蘆筍、洋菇、三夾板、陽傘、紡織成衣、運動器材、到個人電腦，基本上都是外銷，許多材料也需進口，台灣的「附加價值」在微笑曲線的最底部，相對有限。換句話說，透過微利的代工，但因量大，最大貢獻在就業機會及增加所得，也適時引導農業人口轉進輕工業。因此台灣經濟發展主流論述的基本關懷是環繞在「訂單」與工作上。在全球競爭的邏輯下，生產力是第一要務，為了獎勵外人投資，優惠的措施是必要的，環保、土地、勞工的議題就被妥協了。

　　因此，我們造就了一些在國際市場上有些許競爭力的產品，但這些產品為追求最低成本，一再逐水草而居，轉到東南亞或大陸，沒有什麼產地忠誠度。我們很多「世界生產第一」的紀錄只

能成為歷史。我們曾經是世界這麼多產品的提供者,所得到的回報是什麼?我們付出了什麼代價?超抽地下水,工廠林立在田中央,好山好水的存量驟減,台灣下個世代的繁榮,所賴以生存的「資源」是否已被消耗殆盡,新一代的創新能力是否能著床在這片土地,這是在後ECFA時代很大的考驗。

就像《半農半X的生活》作者塩見直紀所看到的,現今社會面臨著環境、食物、心靈、教育、醫療設施、社會福利,以及社會不安定等種種問題。塩見因此提出在這樣的時代中,半農半X的生活才是比較理想的生存方式。

「半農半X」,就是一方面可親手種稻穀、蔬果,以獲取安全的糧食;另一方面從事能夠發揮天賦特長的工作(X),取得穩定的收入,並且建立個人和土地及社區的連結。因為「農」必須接觸土地,接觸自然,對個人和土地的健康都有益。這樣腳踏實「地」,又能發揮自己的天命或專業的理想概念,在日本被很多人接受並開始實踐,在台灣也有多位友人已在花東地區展開這樣的生活方式。也有更多的人把自己對「在地食物」的熱愛,謹慎挑選原料,發揮創意做成商品、建立通路,讓更多人可以享受自然健康的美食。

就在本書付梓之際,正好發生了胖達人事件。誠實標誌與廣告訴求是所有食品行業的挑戰,書中八家公司的規模都還沒有像

胖達人那麼迅速的發展，但他們都一步一腳印，戰戰兢兢的成長。本書所採訪的在地精食個案的業主，他們強調的不一定在規模、或在量，他們更在乎產品的品質、與整體呈現的質感，想要販賣與交流的還有背後的故事與意義。

　　兩位作者都很年輕，不到三十歲，目前都有其正業，利用業餘的時間，以她們的熱情為台灣這一波在地精食創業的故事認真採訪、寫下了篇章。兩位都是政大科技管理研究所畢業（大學念的分別是台大農經系和政大新聞系）。很巧，她們畢業後的第一份工作都在設計相關產業（The One和橙果），這樣的背景和本書的出現及呈現主軸，是否有些線索可循？首先，她們用的企畫主題與熱情，博得與企業家訪談的機會，因這些個案都已有人寫過，她們切入的觀點及提問也獲得創業家的認同，雖不是專業的寫手，但她們筆尖所蘊含的人文素養及對土地的關懷，還是流露在各個篇章當中。

　　台灣有很多慢食知味人士，也有一些人因興趣投入精食的創作與生產，他們比較在意的是有沒有人欣賞他們，並不太在意成本或經營的層面，這樣只是對美食、精食社群的培養有所助益，對創作者來說只是嗜好（hobby）。即使貿然開了餐廳，或拿到市場去販賣，沒過多久可能就無以為繼，不了了之，消耗了一些親朋好友的投資或資源，無法成為企業，蔚成產業。就像許多文創工作者，只能在創意市集擺攤，走不到下一個里程碑，進入通

路，或建立品牌。

　　本書的八個個案，基本上至少都過了第一關，有自己的品牌，清楚的識別，能在重要的通路上露出，如誠品的迷台灣（Meet Taiwan）或好丘，經過市場的洗練，他們調整、修正過第一代產品。為了使更多的精食創業家或在地的文創工作者，對成長的營運模式更有觀念，兩位作者在每個個案之後，用現在較流行的亞歷山大・奧斯瓦爾德（Alexander Osterwalder）營運模式（Business Model）的九宮格來分析。

　　九宮格從最中心的「價值主張」（Value Propositions）出發，針對選定「消費者區隔」（Customer Segments），透過「通路」（Channels），並建立「顧客關係」（Customer Relationships）；為落實價值主張，組織要規劃「關鍵活動」（Key Activities），動員組織內的「關鍵資源」（Key Resources），並聯繫必要的「關鍵夥伴」（Key Partners），如此才會產生「收益模式」（Revenue Streams），並發生相對應的「成本結構」（Cost Structure）。

　　九宮格以及九格之間的相互關係非常緊密，因此這是一個很受用、很實用的模型。如果有哪幾個格子你「說」不清楚，就是你還沒「想」清楚，它可能就是你的罩門、你的盲點。兩位作者雖然是商學院畢業的，但並沒有創過業，因此她們對每個個案的

分析可能有未盡之處；但透過八個個案洗練下來，讀者也可以某種程度熟悉此一九宮格模型，這是本書和其他精食或文創的書籍最大的差異之處，有較多的管理意涵。

在地精食創業不只要有溫暖的心，也要有冷靜的腦，把營運的任督二脈打通，這八家公司的創業者更是腳踏實地，動手做出獨特創新的產品。這樣的努力可能拼不出一家能和三星競爭的公司，但可以創造出更多的中小企業。在分眾與長尾的時代，中小企業的彈性不正是我們最擅長的嗎？我們不需要全部的企業都要大到不能倒，尤其那些和其所賴以生存的土地、社區都沒有關係的大企業。

在半農半X的理念下，創業家不只天賦得到發揮，這些創新對土地、對健康也有所貢獻，也讓農民、農產品找到生機，可以修補整個上一代較沒有為台灣的人民與土地考量，真正為台灣創造可長可久的價值。

推薦序
精食與青年創業
彩繪農企業新願景

國立政治大學科技管理與智慧財產研究所教授
文建會前副主委　**李仁芳**

　　台灣優質果蔬的品種與科技，即使在半個地球外也種得出來價值八百元台幣的西瓜。

　　我們常常沒注意到我們身邊農企業的優勢。

　　2013年夏天馬總統出訪中南美，帶出了台灣風土與農業科技在天之涯造福友邦國計民生的故事。我們駐聖露西亞技術團帶著台灣種籽，成功在這個人口只有十六萬的小國種出品質不遜台灣的水果，專供應當地觀光飯店──一顆大西瓜約重二十五磅，要價八百元台幣；火龍果一顆賣到約三百台幣；洋香瓜一顆則要價六、七百台幣。這些蔬果，都是台灣駐聖國農業技術團協助下的產品，幫助當地農民收益，改善他們的生活，也增加了他們對台灣的認同與支持。

回首農耕隊的故事，其實都是台灣農業發展史的一部分，近年尤其突飛猛進。國人日常生活的感受，可能只是「台灣的水果太好吃了」，而不明白各地的穀米、水果、蘭花外銷如何精益求精。事實上，台灣農業生技的表現，在工研院等機構投注協助下，有多項成果被國內專家讚嘆「堪稱隱形的世界冠軍」。

隱形的世界冠軍

這樣的讚美卻也隱含感慨成分，因台灣農業科技雖實力堅強，但產業化的程度和規模不夠，還未能在國際舞台上進一步大放光采。這也凸顯出政府產業政策多年來獨厚資通訊電子業的偏差。從聖露西亞看回國內，台灣的農業價值豈是「八百元西瓜」所能盡述？

《來自土地的夢想事業》書中描繪八家台灣新興精緻「農企業」（Agribusiness），多面向映現台灣要走向高加值農企業，諸位精食創業家多彩多姿的奮鬥故事。

細看他們的奮鬥歷程，可以發現海外歷練與國際視野帶來很大的正面加分。農業精食的風土條件固是在地的元素，但在「原鄉」的質素上疊印入「時尚」的、「當代潮」的、以及「國際語」的顧客體驗介面（customer experience interface），是台灣精食農企業要產業化、國際化必須走的路。樂朋的陳良士、在欉紅的林哲豪、大呷麵本家的劉世欣，在歐洲的生活體驗，都帶

入他們的創業歷程中一些生活美學與人文質感關鍵資源的投入。

溯原鄉又潮時尚的顧客體驗介面

其他產業背景的Know-How與資源的跨域整合，也可以為精食創業帶來莫大的助動力。李銘煌原本的機器生產事業，為春一枝在台東鹿野高台設計製冰棒機器與窗花、書籤冰棒棍射出成型機，解決了冰棒量產的挑戰，也帶給春一枝特色化的優勢。

兩位作者長期關注台灣精食創業動態，她們也注意到高附加價值精食企業的崛起，需要產業鏈與消費鏈供需雙方聲氣互應的滾動前進效果。

產業端要有像程昀儀、李建德（掌生穀粒）這樣氣品風姿飽滿的藝匠職人，專注莊嚴，誠正作業。精食創業家們為什麼能有這股從原鄉風土推出時尚精食，創造潮品推陳出新的能量與力氣？說到底，應該就是他們對優質生活所帶來生命甜度的累積。像程昀儀等自稱「愛吃鬼」，陳良士則說家裡是做吃的，經常接觸到各種食物。高雄橋仔頭鄉下人每天逛菜市場，每天都會用心去思考要怎麼做料理，是生活的習慣也是樂趣。

「當你想好好生活時，你就會去思考怎樣能把生活過得更好。」生活態度是區別精食創業家族群最關鍵、最具特異性的核心基因。

生活態度是決定性基因

另一方面，要育成精食企業，消費端則要有要求質感的國民。精食創業要能成功蔚然成風，需要全島知食份子「底氣」的支持——一群願意投資好食材、願意在飲食方面著墨的人，他們是精食企業要首先鎖定的主要消費族群。

像樂朋就很重視尋找並區隔出一群在乎質感品味、願意投資美食的「知食份子」消費者，他們會從細節裡看出食物的價值。

網路原住民世代創業，很懂得運用網路世界資源。知食份子身分識別法門之一在於他們所撰寫的網上文章。樂朋創業團隊會先上網仔細閱讀美食網站寫手們寫的po文，先看有沒有內容，是不是言之有物，然後實際去吃吃看他所介紹的餐食是否好吃？這群知食份子往往是朋友圈中的美食意見領袖，先靠近他們讓其認同樂朋，也就自然成為核心推廣者，形成口碑行銷。

先給懂的人吃，不用一開始就太急著要把量衝大。這是創業要捲起龍捲風暴前，先在保齡球道擊中第一個關鍵球瓶（市場／產品區隔），再引發連鎖反應，陸續連動摺倒其他球瓶的典型策略步序（strategic moves）。

聲氣相應的產業鏈與消費鏈

再回頭看看在檔紅如何從消費端啟動革命：「怎樣的消費

決定怎樣的未來，如果今天大家都去消費好東西，那它就會保留下來，也會越來越便宜。」以前快要消失的紅心芭樂品種，因為消費端的啟動，農友會願意多種幾棵芭樂。因此，藉由水果加工，呼籲消費端用消費的方式保留好產品，轉而促進生產端的活絡，在欉紅透過幫市場採購農產品的方式，盡力地產生聚小水滴成大川流的影響力。當最末端的消費者也就掌握了消費鏈的能量，購買精食好產品這件事情本身就是對於生產好水果的農家的認同與支持。

就是同時要有這樣敬重風土氣品的精食創業家／供應鏈，以及要求質感的精食顧客區隔／消費鏈，才可能成就台灣成為華人地區精食創業蔚然成風的大基地。

兩位作者為這個願景作了一個很能激勵全島人心的精彩彩繪！

推薦序
台灣創業力

作家　**黃小黛**

　　2008年，第一次走進楊儒門所創立的248農學市集，蔬菜、水果、穀類、海鮮鋪滿攤位，由各地小農解說親手所耕種的農產品，面對面與消費者對話，形成日後台灣百花齊放各市集的小縮影。其中，農產加工品，更是另一股新聲音，自製的茶葉、果醬、冰棒、有機棉、醃梅、醋、牛乳與傳統的自然民具，營收無須受大型通路抽成，透過假日市區中心場域，開始呈現在民間，而不論由個人或家族產業所構成的單位，皆已開始正視農產品的價值，強調健康、天然不添加、純正製造，在商品的呈現上更要求精美設計，以吸引消費者購買，讓關心這塊土地的人，可以藉由食物來認識台灣。

　　這些行動店鋪恰巧對應了《來自土地的夢想事業》一書所呈現的精神。

　　始至2013年的今日，從事文化創意工作者常問的是「台灣精神是什麼？」在「掌生穀粒」中，我們看見透過一袋米的包裝，將習以為常甚不以為奇的食用米提升至敬贈的禮品，經由國際獲獎，確認品牌位置與身分，它改變了人們對食物的認知與經驗，這便是通過文化訊息傳遞出民族精神的最佳範例。

　　「在欉紅」以台灣水果為核心，創新果醬口味，將在地的優質農作如荔枝、紅心芭樂、楊桃、文旦搬上檯面，以真材實料製作果醬，喚醒台灣熱帶水果的美味，不僅提高產品品質、售價，也就地運用食材，在一片進口的果醬市場上走出區隔。

　　同樣採用台灣水果為主題的「春一枝冰棒」，則是關注熟透而無法進入經濟市場的水果，春一枝強調與農民、製作者的友善交易，用中盤價格收購農民因成熟而無法進入銷售市場的水果，以手工製作，強調天然原味無添加，將廠房設於台東，希望提供當地工作機會，其根本的利基是對農產品的一份珍惜與協助改善農民經濟狀況。

　　在原創上，「樂朋LE PONT」給了最好的典範，從家鄉的鵝肉店，創作出一種醬料新品牌，把兒時的嗅覺記憶昇華至創業的根本契機。是創舉，雖艱辛卻也異軍突起，為了品牌的定位，其容器、包裝等所從事的設計，無形中也將產品概念所包含的內容，簡要而完整地表達出來，非常值得創業者的學習。

　　無論是上面案例，或文中所提到的將五穀當作調色盤，客製化商品，為穀物創造更多風味，以製造商身分與品牌設計公司合作，推出自營商品與展售商店，將五穀茶飲飽食的傳統印象，引至現代養生風格，從生產端邁向服務業的「吾穀茶糧」；亦或拾起將失落的茶油文化，以期盼讓人們重新看見傳統好物的「茶山花印」；正視品牌，將七十年的製麵技術，用古早味的紙捲包裝方法，細心呵護每份麵條，作為傳遞製麵者認真揉桿出的職人心意，為麵條穿上了文化的「大呷麵本家」；或為了一個打賭而成就的休閒零嘴「原味千尋」；每種產品、各家品牌、企業，都是不同立業模式的顯現。

　　這些嶄露頭角的成功產業的背後，都可看出相同質地，他們皆擁有對商品的自信，那是因為心意專注並深入產物、產地，以及對產品認識的知能與不間斷學習的精進力，才能各自找到對的商業模式。

　　這是一本Know-How，一本可做為創業夢的基礎書。它能給予的指引不僅是外在形式上的修飾、塑造，而是八個守護土地的產業耕耘的精簡片語，這些企業正面地傳達了台灣正有的豐富文化底蘊及在地價值，從小視大，他們以品質塑造品牌，用品牌為產品加值，如同樂朋的信念：「價值沒辦法被複製，只有價格可以被複製。」

　　「當你想好好生活時，你就會去思考怎樣能把生活過得更好。」樂朋創辦人陳良士說。

　　誠如坊間「PEKOE食品雜貨鋪」、花蓮「阿之寶手創館」、各地「農民市集」、「誠品知味」、台北「好丘Goodchos」等重視在地製造的實體經銷通路，每一間店鋪的呈現，就代表產業與文化的結合，人們透過通路嚐到食物裡的風土與人情之味，從文字的簡介中理解產業背後對台灣土地濃郁的情感，這本書帶領讀者從花蓮走到彰化，自高雄到台北、苗栗、九份、大甲、台東、三義、台中，每段里程都是台灣中小企業發展的縮影。

　　曾為研發而赴異國拜訪果醬工坊的在欉紅鄭重地說，出國不是去學怎麼做果醬，大師都有出書，台灣都買得到，而且幾乎做手工果醬的人都擁有那些書。重點是，看了書也不一定做得出好產品，因為台灣與外國食材的差異，做出來的果醬口味就不同。

　　創業也是一樣，知能外，環境的差異也會締造個別的利基，而創辦者的品味、態度與堅持將會決定產品在市場的價值。

　　掌生穀粒於文中表示：「台灣農業有豐富的文化底蘊，更有不可替代的在地價值，現代農業不只是勞動生產的產業，更是一個守護土地的產業。」我突然想起為台東鹿野帶來新契機的春一枝冰棒受訪時的一段話：

「法國新鮮生蠔空運來台，再貴都買；我們的蚵仔，就希望越便宜越好，我常說新鮮值多少？可是台灣人只重外表，一個包十萬，排隊買；一把青菜三十塊，還要殺價，不在乎跟健康有關的事。這是個人價值問題，看著每賣一枝冰棒，台東就有工作，我真的很愉快。」

作為下一個創業者，你的態度就決定了產品的品格，企業形象及精神。

序章：
隱藏在寶島的瑰麗鑽石

近年來，有越來越多關心自身土地的人們，紛紛投入台灣的農業與食品業，推廣並呈現台灣在地食材的精緻價值，並逐漸醞釀出一股創業風潮。

2010年，吳寶春師傅使用台灣在地健康、優質的農產品，以米釀荔香與酒釀桂圓麵包拿下了世界冠軍，讓台灣在地食材於國際舞台上揚眉吐氣。然而，其實在這之前，早已有許多用心的人，默默地往台灣島內深耕發掘，一步一步努力地創造無可取代的在地價值：

2006年，台灣生活風格代表品牌「掌生穀粒」，於花東海岸溫暖的焚風下誕生。

2007年，「LE PONT樂朋」催生台灣第一瓶以法式包裝進

軍微風百貨的精品鵝油香蔥；同年底，飽富台灣在地水果祝福的「春一枝」，看見了農民的甜與苦，決定為偏遠水果創造新價值。

2008年，「248農學市集」在忠孝東路的第一個據點開始，為食材的供給端與需求端銜接起一座橋樑。

2010年，踏入四四南村的「好丘」，讓人為琳琅滿目的在地食材感動並驚豔。

2012年，在松山菸廠展出的「好家在台灣」，更是不分產品類別，如同一般巷弄中隨處可見的米店、枝仔冰店、服飾店，共同營造出一條虛擬的街廓，為台灣在地發聲。

結合台灣在地小農和自有品牌，「誠品書店」在2008年成立「誠品知味」，讓消費者除了嗑書也可嗑台灣精緻好食；2012年8月「誠品香港銅鑼灣店」的開幕，更順勢將這些品牌一同帶往海外，讓國際看見台灣；2013年，誠品信義旗艦店更將誠品知味擴大營業成為「誠品風格市集」，企圖為消費者提供更多台灣在地的好味道。

除此之外，「新光三越」百貨自2010年起，也積極從各個面向努力推動台灣文化，不只挑選在地精緻食品上架，2013年6月

更以「小農良品」為主題，網羅十位台灣在地小農辛勤耕耘的在地食材，推出「台灣良品節」活動，嘗試創造差異化購物平台與生活想像，讓民眾在購物之餘，能接觸更多的台灣在地美好。

這些通路品牌，觀察到了這股在地風潮與趨勢，除了運用自身品牌與通路的力量，為生產和消費搭起一道溝通的橋樑，同時也運用在地元素的不可替代性，帶給消費者一個嶄新的消費體驗，並為自身品牌創造了獨特的競爭力。

風土條件，食文化品牌創新之始

由於地域特徵、氣候環境、風俗習慣等因素的影響，飲食具有文化及口味的差異，無法全然標準化，因為這些差異，使得飲食有其強烈的地域特性，這些造就地域獨特性的綜合元素，即是所謂的風土條件（Terroir）。

這樣的概念源自於法國，風土條件會影響葡萄的品質和味道，這也就是為什麼同樣品種的葡萄，在不同的地區卻會釀造出完全不同味道的葡萄酒，茶和咖啡的道理也一樣。

現在，有越來越多的企業，運用這樣不可替代的文化特質，將在地食材推向精緻品牌，創造出無可取代的風格競爭力。

日本天皇指定品牌——擁有五百年歷史的京果子老店「虎

屋」，融合隨季節變化的日本在地食材以及時下的文化氛圍，至今依舊不斷推陳出新，建立自身既傳統又現代的經典地位。

位於大丸梅田店地下食品賣場的「菊太屋米穀店」，把稻米視為「嗜好品」經營，為稻米賦予了新的精神，自2004年成立以來，迅速進入各大百貨商場，廣受市場好評。

在法國勃根地的薄酒萊（Beaujolais）地區，生產的葡萄酒其單寧含量少，口味上較為清新、果香重，對於習慣正統陳年葡萄酒口味的人來說，薄酒萊葡萄酒欠缺人們對於葡萄酒所期待的標準口感。但在1960年代卻逆轉一變，原本以傳統葡萄酒標準看來的缺點，被操作成為每年11月最時尚熱門的搶「鮮」話題：「薄酒萊新酒」上市，成為依據地域上的獨特性而呈現逆轉勝的一個案例。

這些企業，有的歷史悠久傳統典雅，有的年輕新成勇於創新，他們皆專注於自我意識精神的塑造與傳達，從經營模式、產品服務與包裝設計進行創新，與當代消費者做直接的溝通，將在地食材做了最精緻的呈現。

這樣的價值創造，與品牌的創新和傳承，讓企業更能永續成長。

新在地品牌，如何創新突破？

進入創意生活產業的時代，無論是面臨瓶頸的傳統產業或是新崛起的文創業者，皆須不停思考新商業模式發展的可能性。

在以人為本的新服務經濟體系裡，不只必須拋開過去製造工業時期的思維，在產品與服務上，除了要具備足以吸引消費者的美學品味，更需找回與人的深刻連結，賦予能感動消費者的品牌價值。

政治大學企業管理學大師司徒達賢教授指出，一個組織或機制得以存續維持，勢必建立在其創造了某些價值或貢獻。本書據此，從人們平日經常使用之「生活食品」出發，選出近年台灣逐漸嶄露頭角的在地食品品牌案例，觀察消費者生活形態的轉變與市場變動，為創業家帶來的是侷限還是機會？而創業家們又是如何突破重圍，運用有限的資源奮力實踐、呈現他們心中的理念價值？

本書引用在商業模式創新之研究領域著墨甚深的亞歷山大‧奧斯瓦爾德（Alexander Osterwalder）博士於2010年出版的 *Business Model Generation*（中譯《獲利世代》）一書中所述之「Business Model Canvas」商業模式圖，借助其九大商業區塊之架構與因果流動關係，透視並解構書中個案品牌持續創造價值的創新歷程與脈絡。

商業模式圖 The Business Model Canvas

關鍵夥伴 （Key Partners）	關鍵活動 （Key Activities）	價值主張 （Value Propositions）	顧客關係 （Customer Relationships）	消費者區隔 （Customer Segments）
・企業同其他企業之間為有效地提供價值並實現其商業化而形成的合作關係網絡。 ・這也描述了企業的策略聯盟（Business Alliances）範圍。	・公司要以商業模式運作，最主要的活動。 **關鍵資源** （Key Resources） ・實現價值主張所需的重要資源。 ・關鍵資源可能是實體、財務、智財或人力資源等方面。 ・關鍵資源可能是自有、向他人租賃或從關鍵合作夥伴中獲得。	・藉由產品或服務的提供，滿足某特定消費者的需求。 ・意即該企業為客戶所創造的價值，該價值可被量化或質化衡量。	・企業如何與目標消費者建立聯繫與發展關係。 **通路** （Channels） ・公司接觸目標消費者、傳遞產品服務的管道。	・企業鎖定的目標消費者，通常這群消費者具有某些共同的特性，因而形成特定的市場劃分。

成本結構 （Cost Structure）	收益模式 （Revenue Streams）
・描述所有運作商業模式所需的成本。	・即企業如何透過各種營收模式（Revenue Flow）來創造財富的方式。

　　藉由觀察這些賦予台灣在地食材新價值的品牌，其價值主張、顧客關係、通路策略、關鍵資源、關鍵生產活動、關鍵夥伴、成本結構與收益方式等商業模式元素的構成，我們可以瞭解，以食為核心的文化品牌，在創建新商業模式的過程中，會遇

到哪些困難？他們如何運用關鍵資源來進行關鍵生產活動？又如
何藉由關鍵生產活動來實踐其價值主張？他們下一步的方向又是
什麼？

窺探八個創新事業驅動力的故事

　　台灣這麼多精彩好吃的在地食材，無論是內需驅動或外貿驅
動，如何走向「精緻呈現」，以及邁向規模化與國際化的創新經
營模式，都值得深究探討。

　　本書以「在地食材精緻呈現」為主題，介紹八個台灣在地創
業案例，這些案例皆已突破創業最初的門檻，並有讓事業體永續
發展的藍圖與實際作為。每篇個案的商業特質雖然無從分類，但
互有關連與重疊，筆者將從四個角度：從商業發展的起始、創業
者運用的創新行銷方式、創業者對既有產業產生的影響與轉型，
以及創業者對於土地的情感與回饋，帶領讀者觀察這八個精彩的
在地品牌故事。

　　在子題一「誕生──兩種價值的起源」這部分，可以看見分
別來自「創業家」及「消費者」的兩種趨動價值。「掌生穀粒」
從自身理念出發，對於保留台灣美好的人事物，以及如何為台灣
農業找出一條新路，做了一番的詮釋；「原味千尋」則從消費者
的需求出發，從各種角度呈現健康美味的真實涵義。

　　子題二「呈現——用國際語言詮釋台灣在地食材」，可為尋求跨領域價值的創業家提供若干兼顧策略與整合資源的技巧和方法。「樂朋」談到如何將過去自身經歷與現有的資源結合，創造新價值；「在欉紅」則示範如何學習大師典範，並加以落實在自身事業。

　　子題三「蛻變——代工到高端自有品牌」中，兩個案例都提到傳統產業轉型建立自有品牌以及創造價值的過程。「吾穀茶糧」由第一代創業者影響至第二代，主張創新的重要性；「大呷麵本家」則談到如何結合地方資源，讓品牌能夠創造永續價值。

　　有兩個創新案例在子題四「保留與延續——向土地與辛勤工作的人們致敬」中，呈現社會價值的意義。「春一枝」描述台灣中小企業家如何解決偏遠地區的糧食產銷問題，並且為其創造新價值；「茶山花印」延續台灣的在地美好，保留山上的油茶樹，提出新的生活提案。

　　每個品牌都透露出不同的個性、背景、訊息和作風，不管是成功經驗或是過程中的變革失敗，都可以從中瞭解創業者與眾不同的行為模式與思考精髓。但願讀者在掩卷之餘，能從本書得到意想不到的豐盛收穫，並且在閱讀這些創新案例後，能發現「身土不二」的真諦：自身國土的美好與獨特價值。

　　受大地與海洋祝福的福爾摩沙，孕育出豐富且獨一無二的在地好食材，透過台灣人的靈活心思、商業模式的創新與品牌的經營塑造，打造出一個又一個融合台灣生活文化，並令國際驚豔的在地食材精品，也正因為具備文化的獨特性，才能在國際中璀璨脫穎，成為台灣未來的創新驅動力。

子題一：

誕生
兩種價值的起源

微農時代的
巨擘觀點

「掌生穀粒」
為台灣依舊美好的事物掌聲鼓勵。

掌生穀粒糧商號。（掌生穀粒提供）

掌生穀粒糧商號，
提供台灣東部優質稻米、天然純淨蜂蜜與烏龍茶，
所有產品均在地生產，為友善土地之作，
憑著精緻的手感包裝、動人品牌的故事，
喚起人們對於土地的情感與嚮往。

品牌名稱	掌生穀粒
創立年	2006年
創辦人	李建德、程昀儀
商品／服務	東部優質稻米、天然純淨蜂蜜與台灣茶
品牌精神	為台灣依舊美好的事物，掌聲鼓勵。

全面啟動的原創精神，獻給農作大地的禮讚。

　　程昀儀為掌生穀粒撰擬的第一篇文案裡，寫著這麼一段話：「農作是大地的一場『偶然』，即使日復一日、年復一年，我們也不會收成到相同的結果。」

　　在程昀儀心中，農業的迷人是一種無常的浪漫，因為每寸土壤都造就出無法複製的產物，不會有全然相同的農作，這就是風土的獨特魅力。我們天天吃的米粒源自農民的辛勤耕種，自然要為這些農民「掌聲鼓勵」，也正是如此概念，孕育出「掌生穀粒」這樣饒富趣味又別具意義的名字。

掌生穀粒創辦人，程昀儀。（掌生穀粒提供）

　　為了向台灣這塊土地致敬，掌生穀粒在產品企劃上進行文化的全面啟動，不只是設計包裝，到最後商品呈現給消費者的文化意涵，由內到外的一致性，讓產品不需言語即可一眼望見台灣的獨特風土與價值，也因此得到了許多國際知名的設計大獎，如台灣文創金獎大賞（2010&2011）、德國紅點大獎（Red dot 2011&2012）、亞洲最具影響力設計大獎（DFA Award 2011&2012）、日本Good Design Award設計獎（2012），近年來，自國內至國際，掌生穀粒榮耀且努力地說台灣的故事給全世界聽。

　　從米、茶到農產限量的滋味，掌生穀粒深入向內探索，運用擅長的感動包裝，向產地挖掘背後的美好故事。為台灣農業創造更高的美感價值之餘，也向外將台灣的精神與滋味，拱上世界舞台，璀璨發光。

我們的前方沒有路，走過去，就是路！

　　故事回到那年冬天，程昀儀品嚐到婆婆寄來的台東新米，一開始面對這包三十公斤的新米，有點不知所措，因此分享給親朋好友與同事，結果，新鮮收割的稻米令眾人為之驚嘆：「這是什麼米？比賽冠軍的米嗎？」

　　從第二包米開始，要吃的親朋好友一起叫，一起分，模模糊糊的生意出現雛形。原來只是體驗到婆家由台東寄來新鮮白米的美好滋味，卻讓原本從事廣告文案的程昀儀與創造攝影影像的李建德，與白米的創作者——米農，有了最直接的接觸。就這樣，從一個小穀倉與一台小碾米機開始了賣米生涯。

　　「我們的前方沒有路，走過去，就是路！」這句話是程昀儀在新聯陽任職文案時，從上司

從稻田吹來的風，送來濃濃人情味的在地好米。（掌生穀粒提供）

那邊學來的態度。

　　程昀儀與李建德，一個負責說故事，一個負責創造影像，投下時間與人力作為掌生穀粒的創業成本。隱身在光復南路小巷內的掌生穀粒工作室，其前身是本來的廣告工作室「德記顯像館」，兩人就採取「半農半Ｘ」的工作型態，一邊進行掌生穀粒的創業，一邊也保守地接著原本的案子，開始轉換人生跑道。

　　身為對土地天生懷有情感的愛吃鬼，掌生穀粒從最純粹的初衷「因為愛吃，所以想呈現事物的真相」開始，勇敢放手去做，開始訪問農家和收集新鮮食材，重新將田地裡帶回來的真實農業題材，賦予一種嶄新的姿態。

如果農民是作家，那麼掌生穀粒就是出版社。

　　有感於台灣許多美好的事物逐漸消失，為了珍惜台灣風土人文，掌生穀粒想用真實的文字與影像感動人心，將稻農的作品與產地和消費者之間的大斷層連結起來，分享台灣的美好，希望影響更多人來關注台灣美好的人事物，並進而採取實際行動。

　　最初的「姨丈米」來自一對將近六十歲的阿美族夫妻，他們從不說自己種的是有機米，只餵有機肥，而且一年只耕種一期，下半年就在田地上灑向日葵花籽或油菜籽，讓田地自由地長、自在地開花。踏遍東海岸尋找好米的掌生穀粒，就是追尋這樣可以

孕育出讓人味覺瞬間甦醒的自然稻田，計畫找出具有種米天賦的大地耕作者，讓更多人認識令人放心的新鮮好米。

另外，縮短農地到餐桌的距離，也是掌生穀粒最想分享的美味關係。不同於米廠特別精製的米，掌生穀粒想要做的是有著濃濃人情味的在地好米，並且透過農民之間的口碑介紹，致力找出東海岸一個個的好米農。

這些小農，從育種、栽種到收成後的烘乾與碾製成白米，通通親自完成，這樣「小農精神、獨立製作」的純米，皆為米農辛苦的粒粒傑作。如果形容米農是作家，那麼掌生穀粒就是獨具慧眼的出版社，負責把這些米農們的精彩作品，慎重形塑成品推薦出版。

所以農民努力處理農事，掌生穀粒努力做好供給端與市場端橋樑的連結，各自扛好責任與任務，成為彼此的肩膀，而不成為彼此的負擔。

新鮮收割，禮物般包裹著溫厚心思。

掌生穀粒所有的商品都是在確認訂購之後，才與產地聯繫，從下訂單到產品的準備，三天就可以出貨。這樣小量碾製即時運送至台北分裝、銷售，限量、小眾、新鮮成了掌生穀粒的商品特色，更彰顯了作物的珍貴與獨特性。

經典的紙袋包裝傳遞手作質感。（掌生穀粒提供）

　　除了要找到值得背書的產品，更要第一線體會農家的耕種心情，在產品上做最直接的溝通。「我們就是要把米農的生命故事找出來，用不低的米價與一群有能力負擔的人溝通。」每一個產品都有自己獨特的包裝、名稱，搭配上渲染人心的文案，成為一個個獨一無二的農家故事。

　　一開始就設定產品特色是「新鮮碾製的米」，客戶來電話直接訂購，貨到工作室最久放不到一個禮拜就全出光了。相對於坊間架上普遍使用塑膠材質真空封裝的米，是為了使米的保存時間

更長，掌生穀粒使用小包裝容量（1.5 KG），就是希望消費者趁鮮享受米的美妙風味。

經典的紙袋包裝傳遞手作質感，再加上每一款米都有專屬於自己的手寫文案，陳述產地、產品與生產者的故事。而牛皮紙成了其註冊商標，是掌生穀粒的產品符號。剛收割的青春新米，隔著牛皮紙袋彷彿還在吐露著呼吸。

掌生穀粒的系列商品彷彿禮物般，帶給人們溫馨感受。由於其包裝感動人心，消費者喜歡拿來當成禮品贈送，因而把掌生穀粒推向禮物市場。根據經驗法則，在節慶時是旺季，五月是淡季，程昀儀說，掌生穀粒並不想破壞原有的家用飲食市場，而是從大眾飲食市場區隔出禮品的小眾市場。

翻找一頁又一頁的台灣獨有，淬鍊成精華美好。

努力尋找台灣生命的掌生穀粒，認為茶具有「來源國效應」（country of origin effect）的價值，這種與稻米一樣因無法取代的風土條件，而有的獨特生命性，可以讓農業超越政治，在國際經濟舞台上為台灣發光發聲。

就像錫金的紅茶、甘邑的白蘭地、波爾多的紅酒，因產區而揚名世界。明白茶湯裡有著光陰和土地的故事，掌生穀粒探訪了茶農的足跡，推出了「喝采茶作」。「做台灣茶的功課之後發

掌生穀粒推出「喝采茶作」，淬鍊台灣風土條件的美好。（掌生穀粒提供）

現，台茶的確是讓台灣的政經重心從台南移到台北，它有它美妙的風華、絕色的姿態。」台灣茶代表台灣風土條件很重要的一塊，掌生穀粒決定用自己的方式介紹好茶，用好茶去介紹台灣，去開發不喝茶的市場。

無論是台灣的人文歷史、自然地理，掌生穀粒努力翻找出一頁又一頁的台灣獨有，然後再用自己的方式淬鍊成精華，將這些無可替代的美好，說給大家聽。

持續向台灣產地探索的掌生穀粒，除了米、茶，還看見花開結果的蜂蜜。「蜜除了容易保存，還是甜蜜的信仰，拿來做市場

採茶者。（掌生穀粒提供）

上情人們之間的對話再恰當不過了！」串聯起這些元素，喜歡童書的程昀儀，與剪紙老師討論結構、交流切磋，將蜂蜜限量的滋味，變成了一片片如翻飛的花朵般，浪漫、婀娜、被眾神祝福的「眾神的花園」。

隨著時序變化，持續開拓藍海。

「我們沒有特地為了推出產品而推出，因此，也許我們的可貴之處也在這裡，不是想做什麼就做什麼，而是在時序變化當中，自然而然該做什麼就做什麼。」

掌生穀粒的蜜──「眾神的花園」。（掌生穀粒提供）

　　掌生穀粒自詡為生活者，明白市場的隱藏需要，進而把這塊需要創造形塑出來，從一開始的米飯，就致力於創造它的價值與市場的位置。

　　現在，米產品線趨於成熟，掌生穀粒發現業務中有一塊囍米客製化市場是默默卻很穩定的收入來源；一方面想開創一個新的市場；再者面對自己商業模式的調整，也必須努力尋求可以源源不絕的生意管道；而且還有國際市場上的需求，如重視吉祥傳統的香港，在婚禮這一塊有極大的市場；因此，掌生穀粒決定將米

囍米。（掌生穀粒提供）

飯的觸角擴展至婚禮的囍米範疇。

　　新產品的發想，從李建德帶著設計小團隊開始進行，不管是包裝的方式、表達的深度、產品實現的可行性與否，以兩個人的小宇宙開始，到起家建立一個新秩序的文化內涵，最後選擇從「家」出發的產品企劃概念，並運用開運印章連綿不斷的意涵，去刻劃出對新人的祝福。

　　奠基在這樣供需上的新領域開發，掌生穀粒重視每一個從消

費市場面傳回來的訊息，並將真正的文化創意精神流傳，不僅把既有商品複製在國際銷售，更為其開發新商品，讓不同區域的人，買到不同面貌的台灣產品，卻同時買到相同的台灣精神。同時透過文化訊息更傳遞出，能產出富饒農作物的台灣，也正是最適合兩岸三地全球華人生存的島嶼。

好生活、好食材，長期飯票激發風土情懷。

一開始，掌生穀粒就鎖定小眾市場：一群懂得過生活，只有一個兒女或者只是養狗，看Discovery、喜歡過生活吃好食，懂得犒賞自己上山下海看美景的年輕夫妻檔。從最初的小眾市場，逐步拓展至有送禮需求的消費者與企業客戶，而隨著知名度的擴展，消費者的組成也漸漸改變。

掌生穀粒還有「長期飯票」的會員制度，其概念來自於王永慶先生經營米店時為人津津樂道的經營模式。掌生穀粒會清楚地記錄會員家中的食用情形及食用量，定時定量主動配送到府，除了給顧客貼心服務之外，另一方面也希望可以擴大這部分的需求，以需求端打開供給端，找更多的產地，推出更多台灣在地好農的商品，減輕農友的負擔。

在創新的道路上，總是沒有可依循的途徑。2011年與2012年，一群無法被歸類的人，聚足促成了「好家在台灣」之展覽，集結台灣創意單位，凝聚原創力量共同發聲，就像一個充滿台灣

軟實力的鄰里街廓，每一樣商品都用心精緻，讓消費者輕易感受
到人情的溫度。

　　「我們後來發現自己很難被歸類，我們不在任何類裡面，不
在農業、不在設計業、也不是傳播業，而是在自己的航線上面，
有時候也會很寂寞。」文創產業的現場，最珍貴的，是許多碰撞
與交集的發生。這樣跨領域的激盪，除了可以進行彼此經驗的分
享之外，在開展新事業區塊上，合作的討論與實驗，讓這群夥伴
短暫聚會後，又能充滿能量地各自航向自己的路。

愛惜羽毛，逆向而行的通路鋪點。

　　掌生穀粒與多家企業合作，開發專屬企業的包裝米，如誠
品、台新銀行、商業周刊、台北書展基金會等，都曾是合作的對
象，企業贈禮為掌生穀粒創造了廣告效益，提供新的宣傳途徑。
台北書展基金會在邀請國外作家來台時，就請掌生穀粒製作特殊
包裝的米，做為送給外國朋友的伴手禮。

　　而曾被美國《時代》雜誌選為亞洲最佳書店，積極整合商
場、書店、在地文化與觀光資源，清楚自己市場定位的誠品，瞭
解觀光客對誠品的期待，因此在商場成立「誠品知味」台灣特色
名產專區時，也力邀掌生穀粒上架。

　　從網路打進市場的掌生穀粒，在決定進入實體通路時，產品

競爭者已經從米擴大到送禮市場，因此格外小心操作，期望以創造購物氛圍來激發消費者的風土情懷。在誠品有誠品知味作為專櫃，而新光三越、微風廣場、CitySuper等通路，就使用臨時櫃的方式去操作。

這樣的合作方式，想必掌生穀粒有很強的業務團隊吧？答案是，也不是。掌生穀粒的做法為一個人負責一條通路，進行長期性的觀察與經營，團隊夥伴之間，也可以將不同通路的特性做交流、比較與競爭。

一群勇敢的追夢者，從最深的核心出發。

「我們不希望團隊的夥伴全都一樣，但是要能夠掌握住掌生穀粒的原點，不能離開那個核心。」

問起團隊夥伴的特質，程昀儀說應是彼此磁場相合，相信自己的人生會不太一樣，願意花時間追尋理想，

掌生穀粒於「好家在台灣」的行動店鋪。（掌生穀粒提供）

並且有足夠的勇氣支撐，因為掌生穀粒前方的路，可能在迷霧當中，也許看不見前方而不敢前進，但還是得往前走。

從土地開始，到產品送達消費者手中，掌生穀粒的產品通通都是手工製作，好處是沒有最低規模的限制；若遇企業大量採購，承辦的人員會在需求日前兩個月展開規劃，並提出需求內容，再根據過往實際執行經驗，事先做好出貨計畫表及時間表，並增派人手。

餐桌上的飽滿景致，連結風味厚實的情感。

掌生穀粒自創辦開始，就運用媒體界的人脈，找到標竿領袖進行產品的試吃推廣。後來運用官方網站與部落格，記錄從創辦以來的點點滴滴，不管是賦予每一種米各自的個性，或者是實驗廚房的料理食譜，甚至是與供給者創作端在田邊發生的趣事，或者發現台灣的好味道，種種文字與圖像的紀錄，都在這裡分享。

掌生穀粒網站上的品牌介紹、商品目錄，皆有文案與攝影共同伴佐紀錄。稱呼農業為「無常的浪漫」的程昀儀，與擁有攝影長才的李建德，探究台灣各地的風土，將他們的所見所聞，寫下每一段故事，留下每一道光影，更在創辦兩年時，將其熱血的紀錄集結成書——《掌生穀粒——來自土地的呼喚》。書中記錄著掌生穀粒如何憑著精緻的手感包裝，以及每種米背後的動人故事，靠創意幫小農賣米，為白米塑造出獨特感與時尚感。這本書

也讓掌生穀粒的品牌理念傳播得更廣為人知。

另外，掌生穀粒於社交網站Facebook也成立了社群，運用及時的留言對話、照片影像，記錄產地的故事，並告知各項商品資訊。消費者也因此成為忠實的閱讀者，在官方網站、部落格與Facebook上與掌生穀粒留言互動，聯繫起更多超乎產品之外的情感，產生正向的回饋循環。

走出不一樣的路，從初衷開始。

第一次收到一百份的訂單，是在2006年7月13日，網站掛上網後的中秋節。掌生穀粒忙著包裝包到雙手長繭、磨破皮，貼上OK繃再繼續，而被珍貴對待的，就是晶瑩剔透的粒粒白米。一點五公斤要賣三百五十元，比一般市面白米貴上一倍，當時也沒有實體店面銷售，但它一年能賣出二十噸，也就是上萬包的數量。

對於產品收益，掌生穀粒只有一個原則，即是「農家先獲利」。將產品成本控制在固定的%數內，再加上營業費用，最後考量售價對消費者是友善的，依成本由下而上，制定出產品的價格。這是服務台灣市場現階段的做法，未來在拓展海外市場時，掌生穀粒期望能在表現形式上賦予更多的附加價值，那麼就能真正落實以品牌價值來為產品定價的方式。

2012年12月，掌生穀粒又走上突破之路──接受創投的挹注。對掌生穀粒而言，從微型產業，到運用創投資金來把事情做大，在文創產業裡可以是一個示範。「不論最後結果是好的，或是失敗的，有時候失敗經驗比成功經驗還要重要，但這就是我們做的選擇跟改變。」程昀儀堅定地說。

站上國際舞台，這場仗得從外面繞回來打。

創意，在腦海中最有價值，一旦曝光後，就容易被拷貝。因此，對掌生穀粒來說，爭取國際獎項，一則確認品牌位置與身分，將抄襲者遠遠甩開；二則投注品牌行銷的成本，期望藉由國際獎項的知名度，向世界展現台灣的原創精神，也因此看見台灣。

身為產業龍頭品牌，遇上仿冒是一定的，尤其是中國如雨後春筍般地仿造，不管是商品形式、品牌名稱，甚至是網路版面。掌生穀粒嘗試過在中國註冊商標，卻被告知已被註冊過。於是，改而申請意義，中國法律事務所的律師告知掌生穀粒，中國有中國的秩序，這場仗很難打，也可能打贏但所費不貲。

掌生穀粒決定繼續提出主張，並由台灣的智慧財產局協助，以法律的途徑與對岸溝通。「這個過程智慧財產局表示要低調處理，不要讓對方知道我們的步驟，但所有經過掌生穀粒會記錄下來，如果最後的結果是我們成功了，那就要告訴所有的朋友們，

這個仗要怎麼打，路要怎麼走，怎麼一關關的過。」

掌生穀粒向內探索到極致，將台灣的內在精神與價值表達出來，顯現出不可替代性。「如果選擇去大陸還是去巴黎，那我們寧可選擇去巴黎。」程昀儀這麼說，是因為那個城市的人民懂你，知道尊重文化，感謝美好。

法國食材與料理享譽國際，掌生穀粒認為台灣的食材也絕對同等級。以香菇來說，日韓的香菇肥厚，自有滋味；台灣的香菇雖然肉薄，卻因為風土條件的得天獨厚，香氣威力絕對勝出；中國則因衛生安全問題令人質疑。因此，如何讓台灣食材站上國際舞台，變成國際級的食材，是掌生穀粒一直努力的方向。

要把在地風土變成國際級食材，掌生穀粒選擇與美食體驗做結合，「我們希望把我們做的事情變成餐桌上的風景，傳達到海外則是台灣的餐桌風景樣貌。」

不只是時間與記憶的載體，還是在地價值的具體呈現。

掌生穀粒投入六年的時間，揉和了不同背景的經歷及專長，從不同的角度，賦予大家原本非常熟悉的事情一種新的感覺，創造新的價值。除了開創嶄新的商業模式，讓許多想投入農業盡一份心力的人可依循參考外，掌生穀粒也分享創業以來最顯著的問題，即是資金準備不足。「這有好有壞，因為慢所以紮實，小心

做、慢慢做。但是我們也發現,有些時候就是因為沒有足夠的資源,因此不敢放膽去做,便限制了發展。」

台灣農業擁有豐富的文化底蘊,更具有不可替代的在地價值,「現代農業不只是勞動生產的產業,更是一個守護土地的產業,你不覺得那是國土安全問題嗎?我們的糧食問題,應該掌握在自己手中而不是別人手裡。」比起香港與新加坡,台灣更有條件可以選擇自己的路走。

在掌生穀粒形塑下的動人故事與產業品牌,跳脫傳統農業初級生產的經營模式,注入跨領域的思維與創意,打造屬於台灣農業的品牌,將台灣的在地價值行銷全世界。現在,掌生穀粒正試著走出一條道路,站上國際的舞台,並用台灣獨有的精神與姿態,說出最美的台灣話!

個案九宮格分析

關鍵夥伴	關鍵活動	價值主張	顧客關係	消費者區隔
與企業贈禮結合的異業合作，是為掌生穀粒擴大消費市場的關鍵夥伴之一；而接受創投基金投資，是掌生穀粒從微型企業邁向中小企業的重要關鍵夥伴之二。	憑著精緻的手感包裝、動人的產品故事、煽動人心的氛圍企劃，喚起人們對於土地（農業產品）的嚮往。	掌生穀粒是一個販賣「台灣生活風格」的品牌，透過農業做為媒介，傳遞出台灣在地人事物的美好。	透過官方網站、電子報、Facebook等社群網站的集結，讓消費者瞭解品牌的價值主張。	掌生穀粒的消費者是對生活態度與飲食文化認真，也講究送禮與關懷台灣在地價值的一群人。

關鍵資源	通路
李建德本身為攝影師出身，程昀儀為文案好手，加上兩人過去在業界累積的人脈，此三者皆為掌生穀粒商業模式的關鍵資源。	內部以自營與網路銷售並進，外部與理念相符的百貨超市（如新光三越、微風廣場）、以及文創據點（如誠品知味、好丘）等通路合作。

成本結構	收益模式
為成本導向，以農民獲利為前提，在原本食材收購成本上，再加上營業費用，並考量目標消費者可接受的程度進行定價。目前以逐步增加產品項目邁向範疇經濟。	定價高於市售價格，以產品銷售為主要營收來源，企業贈禮與囍米市場開闢另一種獲益管道。除現場付費外，網路衍生之交易行為亦為收益管道。

　　掌生穀粒從「價值主張」出發，成功的透過農業傳遞台灣美好的人事物，開啟了創業之路，其「價值主張」能成功彰顯，奠基於其「關鍵資源」，創辦人的能力與人脈，為農業開創了一個新的商業模式與品牌價值。

　　透過「關鍵資源」，掌生穀粒進行了一連串的「關鍵活動」，一同支撐「價值主張」的呈現。並從「價值主張」出發，選擇理念相符的「通路」與「關鍵夥伴」，吸引並創造了新的藍海市場，切割出新的「消費者區隔」，以便捷且成本低的社群網站方式，維繫「顧客關係」，不論是消

費者的回饋意見，或是主動表露「價值主張」予消費者，形成一個正循環，繼續開拓藍海，不斷找出消費者的需求與新市場。

在「價值主張」的堅持之下，以農民獲利為前提，掌生穀粒的「成本結構」為成本導向。目前以產品銷售為主要的「收益模式」，故持續藉由「關鍵資源」與「關鍵活動」逐步增加產品項目，並找出模組化的商業模式，企圖從微型企業突破，找出一條永續化經營的發展之道。

經營關鍵要素

1. 透過跨領域的專才與思維，才能跳脫出傳統產業的經營模式，創造嶄新的品牌價值。
2. 品牌旗下的產品線發展必須永遠扣緊品牌核心，並且在產品線成熟後，繼續保持利基機會，再從成熟的產品線找出新市場。
3. 在創業的過程之中，要逐步將產品創造的流程進行模組化，才能突破微型企業的規模，追尋永續發展。

關鍵步驟檢視

適用參考對象：欲在藍海中不斷創新之創業家。

Step1： 確認自身理念，以此為中心點出發檢視周遭資源，找尋適合之產品／服務。

Step2： 初期抓緊優勢人脈與資源，以人脈進行口碑宣傳並藉由跨領域專長將產品／服務進行差異化，創造新價值。

Step3： 尋求契合通路，讓產品／服務於適合之平台登場，與之進行加乘作用。

Step4： 建立產業標竿，並深度發展產品／服務後，再廣度擴充產品品項呼應理念。

Step5： 將產品的開發進行模組化的設計，找出永續發展、擴充經營規模之道。

順勢而生的
台灣休閒零嘴

「原味千尋」，因你而生為你講究。

層層把關的冠軍蜂蜜乳酪絲。（原味千尋提供）

起初，它因一場打賭而誕生。

由於消費者對它念念不忘，
於是它持續在保溫箱內茁壯。
由於消費者日益增長的需求，
於是它有機會成為一個獨立的品牌事業。
由於消費者期盼全方位的安心品質，
於是它開始打造屬於自己的工廠。
由於消費者不喜歡隨意膨脹的價格，
於是它價格實在從不打虛假的折扣。
電子報、推薦機制、抽獎活動，小小的它全部都可囊括，
只因消費者需要。

這是一個因消費者而生、拜消費者為師的品牌，
它是原味千尋。

在它身上，你會看到交易行為中最原始的單純美好。

品牌名稱	原味千尋
創立年	2004年
創辦人	洪嘉男
商品／服務	台灣休閒零嘴
品牌精神	以深耕食品業多年的專業提供美味的休閒食品，堅持衛生營養並力求創新。原味千尋相信，當大家都作「棒」的產品時，消費者也就都會買到「棒」的產品。

原味千尋創辦人，洪嘉男。（原味千尋提供）

**成長環境鍛鍊出敏銳的味蕾，
勤跑工廠累積了可觀的人脈。**

　　登上百果山，享受動人的果物清香。往西方一眺，印入眼簾的是曾有「台灣丹麥」之稱的農業重鎮——彰化員林。這裡是彰化平原東隅，緊鄰八卦山，八堡圳的水脈百年來不間斷地滋養著這片風土。

　　作為台灣中部農產大鎮，自清朝起，這座小鎮歷經多次密集的開墾，交通建設乃至於都市規劃無一匱乏，食品加工業也因此

孕育而生。算一算，小小的員林鎮曾有近一百五十家食品工廠，曾是全台罐頭食品工廠的主要聚集地。

洪嘉男，彰化員林人，父親從事食品調味料代理工作。

「從小就幫忙爸爸做生意，看到的叔叔伯伯幾乎都是我們的客人。」這樣的成長環境鍛鍊了洪嘉男極為敏銳的味蕾，多年來勤跑食品工廠也累積了相當可觀的人脈。

洪嘉男長大後唸的是企管，畢業後從事行銷業務相關工作，由於父親希望他回家幫忙，於是回到故鄉再度投入食品銷售的工作。食品業的事他一直習以為常，直到2004年，事情開始有了變化。

起鬨一時，卻是樣樣到位不草率。

「在業界久了，很多訊息我們都聽得到，我們發現地方上有很多好的食品，當地人會知道，其他縣市的人則不一定知道，這些廠商可能覺得在當地販售就已經不錯了，也可能是還沒有第二代傳承，總之是還沒有跨出當地的那個框框。」洪嘉男描繪當時的觀察。

曾有廣告工作經歷的洪嘉男與從事設計工作的太太許淑華有一群廣告相關背景的朋友。2004年的某天，大家聚在一起起鬨打

一包包產品都是歷經原味千尋團隊千錘百鍊的考驗而誕生。

賭：「敢不敢？敢！」於是立即撥電話下訂台中繼光街年貨大街攤位，為一時的打賭付諸完整的行動。

擁有敏銳味覺、熟悉食品業人脈的洪嘉男，負責找出公認好吃的食品讓大家票選。除了將好吃的東西包裹進清楚標註成分、重量、保存日期、聯繫電話的「負責任」包裝，洪嘉男更為每一項產品投保2000萬的產品責任險，他說那是食品的基本配備，無論是否正式經營。

有了產品，就要有品牌，即使只是一場打賭。一群廣告公司的朋友開始七嘴八舌在MSN上提案投票，「原味千尋」雀屏中選，希望藉由這個品牌與大家分享一些僅為少數人知道的好東西。品牌名稱、產品、包裝、提袋搞定後，一名朋友剛落成的新居空房先暫時作為產品包裝室。在員林工作的一夥人，開始輪流找工作空檔到台中顧攤位，熱血沸騰，全沒支薪，晃眼就是三、四週。

　　當時年貨大街多為現夾現秤，晚上收攤時拿一塊布簡單蓋著，隔天掀開繼續賣。「乳酪絲、牛肉乾、豬肉乾、蒟蒻等，那時台灣本來就有在賣這樣的東西，我們的想法是說，用好的包裝把食物包起來，保鮮、延長口感而且健康衛生，重點是讓東西的美味可以維持久一點。」

因為不能辜負客人，所以工作與創業雙軌並行。

　　洪嘉男回憶，當時的消費者多數還不太適應這種消費模式：「像是會有一種距離感，先猜你在賣什麼？會不會很貴？我們都是主動拿給客人試吃，消費者覺得好吃就願意去接受。當然也不是每位客人都會給試吃推銷人員好臉色看，所以大家有時候蠻辛苦的。」

　　過完年起鬨的一群人紛紛回到工作崗位。不久後，持續接到客人來電。許淑華說：「當時沒有想要繼續經營，但想說服務要

做完整，人家來電訂購我們就去找食品弄包裝，把產品生出來，這樣的頻率越來越高。」

洪嘉男繼續與父親一同經營食品香料銷售，許淑華也依然從事設計工作，不一樣的是，他們偶爾會接到年貨大街客人的訂單。

說到為什麼沒有收掉這個一時起鬨的品牌？洪嘉男說：「主要是客人的肯定，再來是可以做自己的品牌，自己去掌握、傳達我們的理念，這讓我們很有成就感。」

首重品質把關，包裝說明也要超乎期待。

挑選食品、進貨、包裝、出貨，看似單純的經銷模式，背後卻有許多各種「把關」的挑戰，特別是食品這一行。

「物料有差異、時空背景有差異、人的心情也有差異，同樣的東西做十次，可能都會不一樣，就看品管的標準在哪。以工廠的立場，往往是客人接受就出貨，要求太多他們可能會選擇不供應。我們不是遇到沒有貨，就是發現貨的品質和往常不太一樣，這類型的困擾和風險一直都有。」即使如此，洪嘉男也不忘告訴我們，台灣食品業還是有很多誠實的好廠商，往往因受騙於部分惡性商人，無辜賠上商譽。

原味千尋進貨產品種類多，把關的動作除了內部的嚴格品檢，更須隨時注意食品原料的風吹草動，一旦哪個地區的原物料可能有問題，就立刻請生產廠商提出相關認證，再次確認原物料安全無虞。

　　安全之外，原味千尋也積極與優良的原物料供應商合作，共同創造優質產品。招牌商品「清境蜂蜜乳酪絲」就是與外銷日本等級的冠軍蜂蜜合作的代表。「坊間蜂蜜一公斤大約五十元，我們一台斤則是一、兩百元，但品質香氣就是好。蜂蜜老闆對蜂蜜的堅持，如果我們能在這一關守住，就可以有好東西傳遞給消費者。」

　　相對食材，包裝同樣也是守護產品品質的重要元素。原味千尋使用五層結構的夾鍊袋，可以做到杜絕紫外線、空氣。最近包裝協力廠商建議一種最新的材質，具有接近鋁箔的效果，煮熟的飯放入可以保持一年不壞。洪嘉男將此廠商列入拜訪名單，他希望好的東西可以用在原味千尋的產品，儘管這些可能還不是消費者會在乎的程度。

　　食品包裝還有一條不變的原則：明確的標示。「消費者有權利決定要不要吃，不能欺騙消費者。因此，無論政府有沒有強制規定，原味千尋的產品包裝都清楚地標示所有成分，即使是防腐劑。」

　　「台灣氣候不穩定，有些食品可以做到完全不放防腐劑，但並非所有產品。防腐劑主要用來抑菌，不過量使用不會產生負面影響，然而水活性高的食品一旦沒有添加，可能會滋生細菌，不排除有致命危險。」曾有客人因部分商品含防腐劑而拒買，原味千尋總是正面看待。「我們不在乎生意一定要成交，只是想告訴消費者有必要添加的原因，消費者可以選擇不買，但需要瞭解為什麼。我們最擔心惡性廠商給出錯誤訊息，讓我們在不知情的狀況下誤導消費者。」

日新又新，永不停止嘗試開發新口味。

　　目前，原味千尋架上同時銷售六、七十種產品，平均三個月到半年會推出新產品。熱門產品如肉乾或乳酪絲平均有四種口味，經典口味最暢銷，其他口味主要是供消費者嚐鮮。洪嘉男認為在休閒食品領域，消費者需要有新產品刺激購買，廠商也需要有新產品引起消費者的興趣。

　　夫妻倆至外地旅行時，總會仔細關注各種食品的口味，回到家就開始展開各種小型開發實驗。一次，洪嘉男和朋友拿了一些龍眼木屑，以此為燃料，細細燒烤肉乾，想要找出自然的薰香烤味。「全屋子都是龍眼木的薰香味，就是肉乾沒有。」許淑華笑說。

　　洪嘉男有些不好意思地解釋：「那是我初步嘗試的方法，我

只有皇室嚴選牛肉乾能讓仿牛肉乾無所遁形、逃之夭夭。讓網友品嚐牛肉乾後,直呼吃了會正氣凜然。

想表達的是,碳烤薰香的特色應該不是用香料去取代,我自己是做香料的,我清楚香料如何表現,而現在我大概知道是怎麼做的了。我們會到處去尋找值得學習的標竿。」

有時,洪嘉男想到了新口味,建議廠商開發卻無法得到認同。「廠商會害怕開發出來後真的賣得出去嗎?」

回不去了,
那就來打造自己的工廠吧!

一路走來,夫妻倆漸漸認定:「我們需要有自己的工廠。」原因一:更完整地控管品質,原因二:想擁有產品開發的主導權。2012年9月,摸索近一年的原味千尋取得了工廠登記證。

設了工廠後,許淑華對這個品牌更有信心,覺得可以自己決定產品的原料與調味成分,打造心中真正理想的休閒食品。洪嘉男則更進一步地追求標準化流程與國際認證:ISO22000和HACCP。「除了外

清境蜂蜜乳酪絲、皇室嚴選牛肉乾、藍海章魚花。（原味千尋提供）

原味千尋的產品分成三大類：健康多多－乳酪絲系列、意猶未盡－肉乾系列、朝思暮想－海味系列。創辦人洪嘉男

富有想像力的命名與介紹文案，常吸引消費者主動詢問，以及意想不到的有趣回應。

銷的市場需要認證，對我們來說最重要
的是，認證有助於我們管理生產過程
中，產品可能產生變異的環節。因為我
不是專業背景出身，用自己的方式評估
可能會有盲點，所以要讓專業的人來建
議我們。」

六、七十種產品全數自己來？不，
台灣有很多優良、具有國際水準的食品
廠商，原味千尋仍然會與外部廠商持續
合作。

「取得認證後，我們就會深入瞭解
那些『眉角』，就能建議供應商和我們
一起做。現在許多供應商的第二代與第三代陸續接手了，經營的
觀念和上一代也有些不同，溝通起來比較沒有代溝。未來無論是
通路或消費者對食品都會有更高的要求，認證將是基本的配備，
製造廠商需要因應轉型。」洪嘉男說，「當製造業持續邁向服務
業時，我們必須先做好準備。」

許淑華常開玩笑說原味千尋對食品、包材、設計的要求簡直
是走火入魔，對此洪嘉男幽默表示，回不去了！不過，兩個人的
心中都認定這是一個好的文化。

Ａ客人説：「雖然我嫁人了來不及，沒關係，我妹妹等你們的結婚禮盒！

姹紫嫣紅禮盒、花塢春曉禮袋是許淑華的精心設計之作，別緻的設計不但讓禮盒多了份驚喜，更不突兀地成為日常生活的一份子。此設計榮獲二〇一二年台灣百大產品獎。花塢春曉禮袋。（原味千尋提供）

好的產品總會找到知音，但仍須小心呵護。

　　起鬨作為創業的起頭，很多事情都不在規劃中，如消費者鎖定、通路規劃、市場定位等。因為沒有任何設定，於是讓產品自己去篩選消費者。「當時藉由展售的方式，讓消費者直接告訴我們什麼東西他們接受，什麼樣的品質他們喜歡，畢竟每個消費者都有各自的喜好。」

　　原味千尋的通路從年貨大街開始，結束後改以成本最低的網路銷售延續。沒有資金打廣告做宣傳，原味千尋藉著「呷好逗相

報」的口碑漸漸累積了一批忠實的顧客，雖然速度不快。

　　以產品特性與網路通路為主的銷售服務模式，逐漸形塑了原味千尋最主要的消費族群：部落客。這群部落客大約佔整體客源的六成，有九成是女性，幾乎都是上班族。

　　許淑華說：「每則網友的回饋我們都相當重視、詳細回覆，幾乎就只差沒有登門拜訪。」在網路搜尋引擎鍵入原味千尋，搜尋結果除了官方網站，就是一篇篇的品嚐心得文，其中也包含各種別出心裁的創意吃法。也難怪訪談過程中夫妻倆不時異口同聲地說：「原味千尋的消費者很棒！」

　　名氣慢慢打開，許多連鎖通路業者陸續上門，原味千尋仍只選擇先在少數通路曝光，除了高昂的費用，更多考量在於通路與品牌的適配度，即使有機會獲利，不合適就先不進入。

原味千尋的三大挑戰：價格、通路、淡旺季。

　　成長的過程中，原味千尋也曾在網路與實體通路繳過不少學費：收了貨便消失無蹤的廠商；沒有完整銷售策略的實體通路商，一股腦進貨再一股腦退貨，龐大的損失都是很慘痛的經驗學習，因為原味千尋從不出售任何的退貨商品，即使在保存期限內。然而，挑戰還不僅於此。

　　「當時（年貨大街）沒有很清楚地計算產品的利潤價格，想說不要虧錢就好，我不斷要求設計，他也不斷提升食材包裝，不少東西的成本幾乎趨近於價格，沒有辦法賣。」因為持續求進步，包材紙箱也開始自行開版製作，有形無形成本持續墊高。然而，儘管成本壓力壓頂，原味千尋還是遲遲尚未調整價格。「不太確定消費者可接受的幅度，因此很擔心調整不當會影響消費者的觀感。」

　　跨入實體通路，除了租金壓力，還有更多的問題需要思考：「對我們來說那是一種新的嘗試，我們的產品品質沒有問題，但要以什麼樣的規格去讓那裡的消費者認識我們。那個規格除了可以打平之外，消費者還要願意買單，這是我們要去拿捏的。」

　　另一項難題是「大小月」，也就是俗稱的淡旺季。

　　「五窮六絕七零八落，台灣最熱的四個月是乾貨食品的淡季，我們一直在思考有什麼產品可以因應這個時段，像是冷飲或冰品。一方面覺得這方面的資訊還不是很多，不敢貿然去做，也擔心產品品項一下子跳太多，消費者會沒有辦法理解為什麼要做這個，或覺得你不夠專業。希望透過未來的行銷活動，多多獲取消費者的意見。」

　　淡季的原味千尋仍沒有停下腳步。「淡季的滯怠期是緩慢但

卻很有感覺的，我們規劃讓團隊在這段期間多參加一些課程，或放更多心思在研究新的產品服務上。」許淑華說：「入選彰化十大伴手禮後發現，其實政府資源蠻多的！因為政府現在很重視這塊，只要是和品牌經營有關，有課程我們就會去上，也會去請顧問諮詢，讓有經驗的人來指導我們，藉由政府單位的高度把自己拉高。」

好東西就一定不會孤單？持續溝通有必要！

曾經有幾次，年紀稍長的客人打電話來說想買「蟳」，令人十分莞爾。

在日語中，尋是一種度量衡，長度一米八，千尋指在一個領域有很深的基礎。「原味千尋」意指在食品這個領域扎根扎得很深，搭配標語「初登板味自慢」，傳達對自家產品深厚的信心。這就是品牌命名的由來。

「之前很少在行銷著墨，但慢慢發現行銷很重要，可能很多人是因為試吃才認識我們，但還有很多人不知道。」洪嘉男認為這是原味千尋比較弱的部分：「我們很少在分析這樣的事情，以前都是想說把東西做好，消費者就會自己去介紹。」

事實上，原味千尋目前已經有相當完整的會員服務系統，從電子報、活動DM、好友推薦機制、滿額贈禮、定額抽獎無一不

全。多年來良好的客戶關係經營，讓許多消費者的反饋建議成為原味千尋的產品服務項目，一種良性的循環持續著，服務觸點也越來越多。除了消費者的建議，原味千尋也會觀察同業的好的作法，持續精進。

　　2012年中秋節前夕，原味千尋寄出了精心製作的DM，形式上改成了EDM搭配簡訊問候。客服人員如同以往去電請教客人。「消費者回應我們，他們還是希望有一個實體DM與訂購單，收到後可以直接傳閱團購。我們很需要這種聲音，因為我們很在乎。」

　　截至2012年，原味千尋與消費者的大規模聯繫主要發生在中秋與過年。2013年起，從西洋情人節開始，母親節、父親節乃至於客人生日、議題活動等，原味千尋開始嘗試各種與消費者互動的機會，更進一步傾聽消費者的需求。

　　原味千尋的產品是不打折的，許淑華說，收到打折的禮物總難免會讓人感到有些失落。原味千尋的價格訂定相當實在，不需刻意透過降價去營造回饋消費者的感覺。原味千尋選擇用贈禮來回饋消費者，推薦禮、滿額禮、抽獎禮都相當實惠大方。早期曾因沒有大肆宣傳抽獎活動，接獲得獎通知的消費者還一度以為接到詐騙電話，這也讓原味千尋因而更加重視行銷溝通的重要性。

員林門市照片。（原味千尋提供）

2012年，位於員林辦公室的門面換了新裝，原本有些暗的車庫搖身一變宛若明亮的風格咖啡店。同樣是這一年，來現場提袋的客人越來越多，其中不少人是來自鹿港燈會的旅客。「這對我們來說是一種成長，來現場買的客人、瞭解我們的人越來越多，會覺得這樣是有在走的感覺。」

原來，不少登門拜訪的老顧客都曾經有第一次來找不到店家的經驗。「我們發現大家對於首先印入眼簾的車庫印象有些畏懼，基於想讓客人方便找到、有舒適的購物感受，於是將家裡的車庫打造成店面。」

每一個動作，無論大小，都是為了消費者。

站穩腳步後，
我們準備要出國比賽！

2010年起，原味千尋連續兩年獲選台灣百大農特產品及彰化十大伴手禮。

「得獎對我們是很大的肯定，讓我們有機會可以跟著政府的腳步，讓更多消費者認識我們。」除了頒獎，還會舉辦大型展售會，向各地消費者介紹來自彰化員林的精品好禮。

作為誠品知味銷售排行榜常勝軍的原味千尋，時常被海外旅客注意到。曾有日本客人和自己的台灣朋友推薦原味千尋，也有不少大陸客人來訪台灣前先以電話預購，跨海來電訂購的消費者也不在少數，腦筋動得快的海外商家則是直接買了一批貨就在淘寶等網站賣了起來。原來好口碑已搶先一步跨出國門！

「我們在大陸的商標大約是一、兩年前註冊的，一直到現在（2012年）才通過，也才敢在大陸做正式展售。」許淑華說，原味千尋正在規劃進入台灣機場免稅商店，希望能讓更多國外的朋友可以有機會品嚐原味千尋。

「目前正在規劃海外參展，像是跟著貿協出國參展，我們想要讓原味千尋名揚海外。」

2012年11月，洪嘉男帶著原味千尋參展浙江義烏綠色博覽會台灣食品館，這是第一次原味千尋正式將自己推向海外市場，對陌生的消費者介紹自己。參展過程中，洪嘉男認識了許多台灣知名品牌的大小老闆，彼此經驗交流的啟發，台灣人身上那股韌性、創新與堅持的態度一覽無遺，照應著自己一路走來的路途，

原味千尋誠品松菸櫃。（原味千尋提供）

相知相惜之感油然而生。

想圓夢請堅持！有些事情就是不能做。

　　目前原味千尋是五人團隊，主要分成包裝、出貨、客服三部分，都是彰化在地人，同事間就像是朋友，能互相支援彼此的工作。

　　雖是有些誤打誤撞的起頭，原味千尋至今已邁入第八年。走過創業初期的虧損，伴隨網購經濟的起飛，迎接風格消費的生活年代，在文創食品風起雲湧的此刻，原味千尋必須面對更不一樣

的競爭與挑戰。

　　「現在很多品牌都很棒，我們一直覺得要不斷取經、不斷向前跑。曾有一位總經理告訴我們：『你們原味千尋要去思考什麼事情不能做。』沒錯！就是這樣，有些事情是不能做的。他們是有經驗的公司，但也曾經走錯一些路。」

　　兩位創辦人說，時常在市面上看到很便宜或改過包裝的食品，很清楚知道為什麼可以有那種價格，以及堅持品質背後難以想像的成本壓力，道德與現實壓力的拉鋸戰時常輪番上演，卻也十分堅定自己絕對不能輕言動搖。

　　請兩位創業者給年輕人一些過來人的經驗分享，他們不約而同地表示——「堅持。」因為有所堅持，成就了品牌，也走了過來。

　　洪嘉男特別提醒剛投入休閒食品領域的業者，最好先從自己有資源的地方著手。「在資源有限、競爭激烈的現在，沒有一個明顯的優勢要創業會非常辛苦。食品的人脈或資訊對我來說就是很大的無形資產，如果沒有這樣的成長背景來做這行，我可能到現在還在繳學費。一、二十年前只要你肯做就會有一片天，但現在你必須要比以前更堅持，更需要找出自己的核心價值。這是我覺得現在創業更困難的地方。」

　　兩人開玩笑說，如果當時計算得太清楚，可能今天就沒有原味千尋了。

　　「如果我是現在的年輕人要創業，我可能會先規劃好三年後要達到什麼，如果沒有達到就收手。但有時候，三年不行可能再撐個兩年五年就可以讓品牌活下來。因為創業時我們本身都有工作，除了投入心力外，沒有去精算過賠了多少。如果當初一直去看這些數字，可能就會自我懷疑是否要持續下去。現在品牌穩定成長，我們很慶幸自己有堅持下去。創業初期原味千尋是賠錢的，投入的東西我們都沒有計價，我覺得這很重要，如果真的要做這件事情，你就用力去做。」

　　兩位經營者認為，精算是在品牌活下來長久經營的重要功課，但別一開始就因過度的算計反而澆熄了創業的熱情。

個案九宮格分析

關鍵夥伴	關鍵活動	價值主張	顧客關係	消費者區隔
攜手優良食品廠商，與有共鳴的通路一起來迎接各地的消費者，部分兼職品管的核心消費者更是推出新產品時不可或缺的要角。	評選採購、包裝出貨、研發設計持續加重，一步一步掌握更多的生產環節。	健康安心為底，美味創新加值，層層把握的用心讓食用休閒食品也可以是一種生活的風格趣味。	產品滿足顧客，服務提升滿足，未來朝向多元的社群經營邁進。	起初無特定，因消費習慣與品牌特性，逐漸形塑出以上班族為主的消費族群。
	關鍵資源 自身專業能力是基本條件，業界人脈是發展關鍵，要擴大成長，硬體投資則是不可或缺。		**通路** 網路銷售為主，實體銷售為輔，海內外自營與外部通路夥伴共存並進。	

成本結構	收益模式
多品項產品為範疇經濟打底，固定成本隨著持續投入而提升，工廠完成後逐步加入規模經濟的元素。	產品銷售為目前的營收來源，不同產品搭配拓展更新穎的收益組合，踏出海外後或許會有更意想不到的新發展。

　　原味千尋因一場打賭而生，之所以促成這場意外的首要關鍵，在於創辦人的好味蕾及食品界人脈，即「關鍵資源」以及使這些資源運作的「關鍵活動」。讓消費者產生持續需求、最後成就品牌的則是「價值主張」所守護的好品質。

　　由於起初並非全職投入，「通路」初期以成本門檻最低的網路及自家為主，「消費者區隔」也是順其自然慢慢成形（當然也受到了主要銷售通路的影響），然而品牌的誕生源自於消費者的需求，因此「顧客關係」的發展相對一般規模相近的品牌來得成熟也完整許多。

　　隨著事業體日益成長，原味千尋借助上下游「關鍵夥伴」的力量，一步一步調整起初不甚成熟的「成本結構」，加上自有工廠的打造，以及新的產品規格的推出、拓展新的「收益模式」，這些都將品牌推往下一個發展階段。

經營關鍵要素

1. 找出自己的市場優勢，腳步站穩後再一步一步突破。堅持但不心急。
2. 隨著製造服務化的趨勢日益上揚，將消費者的建議融入產品服務的轉化能力將是越來越重要的競爭優勢。
3. 無論在哪個階段都要打開視野，持續請益各界專家，善用各界資源，讓大家都能成為你成長的夥伴。

關鍵步驟檢視

適用參考對象：想在既有市場的基礎上創新的人。

Step1： 尋找產品來源，挑選合乎理想品質的食品供應商，取得原物料。

Step2： 建立品牌差異，觀察市場，從包材、產品內容等面向創造新特色，滿足潛在需求。

Step3： 制定品項規格，從成本、通路雙向推算規劃合適的價格策略。

Step4： 嚴格把關持續創新，向上掌握製造端，掌握品質的同時也降低創新門檻。

Step5： 借助專業永續發展，以專業標準管控細節，加入合適通路，走向更大的市場。

子題二：

呈現
用國際語言詮釋台灣在地食材

進口的
在地味

「樂朋 LE PONT」，
簡單就能很美味。

台北巷弄裡的法式風情──樂朋小館。（樂朋提供）

留法學子的文化衝擊，意外啟動一趟台灣醬料的尋覓之旅。

用進口的精神，手感的溫度，
以最原始的單純工法，細細醞釀台灣的在地食材。
不僅是販賣產品，更要掀起一波生活文化的革命。

「真正愛台灣的方式，就是讓台灣人真正地過好生活。」

品牌名稱	樂朋LE PONT
創立年	2007年
創辦人	陳良士、梁峻偉
商品／服務	以鵝油為核心產品，向外延伸周邊食品、生活用品
品牌精神	取擷於法國料理的細緻風格，回歸令人懷念的台灣古早味。簡單就能很美味，讓平凡的台灣料理變得不平凡。

當台灣的鵝肉攤孩子，來到地球另一端的美食之鄉……

一切就從那段在法國留學的日子談起。

觀光系畢業後，陳良士赴法國波爾多就讀語言與都市觀光規劃，那是一座美味的法國文化大城，鵝鴨養殖是那裡的地方產業，鵝肝鴨醬乃至於各種周邊食品是當地人生活的一部分。當地人習慣以鵝鴨油作料理，食物原味烹煮後淋上一些醬料，作法簡單卻很好吃。對他們來說醬料很重要，是料理畫龍點睛的關鍵，也是餐桌上的一道風景。

樂朋LE PONT的兩位創辦人，陳良士Luc（左）與梁峻偉Ralph（右）。（樂朋提供）

海外學子偶爾會想起家中的鵝香味，心中不免一陣衝擊：「一樣是鵝鴨料理，在台灣多半只能在地方小吃店吃，還可能會被說沒水準、不夠衛生。不該是這樣！食物沒有貴賤之分，只有人做的事情值不值得被尊重。」

　　跨國文化的衝擊還不僅於此。法國的城市規劃會先從環境、印象與文化分析著手，進行相當多的調查。陳良士曾參與一棟十八世紀巴黎老房子的周邊區域規劃，花了半年研究，最後發現任何更動都不會讓它變得更好，規劃的結論就是不要動。這在凡事講求Do something的台灣，幾乎是不可能發生的事。

　　返台後，陳良士在造船業工作，擔任副董事長特助。那段時間他與當時的採購同事梁峻偉（外文系畢）一起完成許多有趣的事情，像是為國際精品品牌打造全台灣第一艘七十公尺長的遊艇。「當時的工作在台灣是相當少人在做的，每項工作都是挑戰，也養成我們不怕挑戰的個性。」

　　與外國人工作交流對陳良士與梁峻偉是相當稀鬆平常的事情，眼光自然放眼全球，哪裡有世界一流的合作對象就往哪裡走。他們認為台灣人沒有比較差，不須一味認定外國的月亮比較圓而去矮化自己，但要做就要追求世界的頂級標準，以造船業來說，指標就是義大利與荷蘭。為了打造符合國際頂級水準的遊艇，連船上的卡拉拉大理石都是直接向義大利採購。

工作內容雖有趣，但畢竟不是造船專業背景出身。「我覺得以當時的年紀再投入新的領域會不夠專業，而做一份不夠專業的工作對我來說不是那麼愉快，好像在混口飯吃。」結案後陳良士選擇先辭掉工作回家幫忙，也思考未來的人生路。

異文化的刺激，要找回失落的價值。

高雄仁雄橋邊有間鵝肉小吃店，名為橋邊鵝肉店，是陳良士的家，與法國波爾多的連結就是美味的鵝料理。

「在法國時，不時會想到家裡的鵝肉攤，會去想為何一樣是鵝料理，在台灣附加價值卻那麼低？」陳良士覺得傳統的行銷手法年輕人不易接受，要提升價值也相當困難。「一盤鵝肉要行銷全球很難，我想大概只能透過一些副產品如鵝油、醬料，才有辦法行銷到外地去。」

研究習慣啟動進一步的思考，陳良士開始想：台灣有沒有名聞世界的醬料：印度有咖哩，法國有鵝肝醬，那台灣呢？想了半天想到台灣人熟悉的沙茶醬，但沙茶醬來自汕頭。最後想到了紅蔥頭，那是台灣閩南、客家人都熟悉的味道。

台灣市面上有許多紅蔥頭醬，多半用豬油炸紅蔥頭，常常炸到乾乾黑黑，附加價值偏低，衛生條件也不是很好，保存或呈現出來的方式都不是很理想。然而在國外，用來提升食物味道的醬

料或香料卻是很有價值的。

「對台灣人來說，醬料或香料好像是那種丟到菜裡面沒有看到也沒關係的廉價調味食品，但它們應該要是有價值的，所以我在想怎麼把台灣的醬料提升起來。」在法國南部用鵝鴨油作料理十分常見，北方人則用牛油，讓當地的風土成為餐桌上的佳餚是相當自然的事。陳良士想，家裡有鵝何不用鵝油作醬料基底呢？

在地的食材，進口的精神。

「世界是平的，做市調要用全球觀點去看產品的屬性定位。食品最厲害的大概就是法國，許多美國品牌其實也是師法法國。」於是陳良士回到熟悉的國度取經。他想瞭解一瓶售價五、六百元，甚至上千元的鵝肝醬，如何生產、怎麼呈現。

「我們以前在法國就常這樣做：對哪個品牌有興趣就會主動去信，和他們說我們想參觀工廠。那些法國人很好，他們認為你有興趣、很友善是同好，大家可以成為朋友，所以我們就養成這種習慣。」

來自法國中部Sarlat-La-Caneda的ROUGIÉ，創立於1875年，主產品鵝肝與鴨肝被譽為法國美食文化的傑作，是行銷一百二十多國、遍佈全球各大星級酒店頂級餐廳及美食專賣店的世界領導品牌。除了自有品牌，他們也有代工業務。

　　踏入ROUGIÉ的工廠，陳良士一陣驚訝：「裡頭幾乎沒有太多機器，取鵝肝的地方一排生產線過去都是女工細心地用手取下全鵝肝，因為越完整的鵝肝價值越高。」ROUGIÉ製作鵝肝的方式相當簡單：下醃料，用低溫悶煮的方式，然後裝罐。百年前創始的手工工作坊傳統一覽無遺。

　　除了工廠，專賣店也是參訪重點。在法國有種叫做épicerie的店，也就是高級食品雜貨店，專門賣名牌食品，讓大仲馬最早吃到鳳梨的HEDIARD就是代表品牌。

　　「我們參觀HEDIARD，看人家怎麼做產品行銷。在法國有些這類型的老店已有一兩百年的歷史，雜貨店能開上百年很厲害！」陳良士說自己就是用這種精神，去瞭解法國人如何看待食物，怎麼讓食物有那樣的價值。「我們在學的是這個，所以我說我們的食材都是在地的，但精神思想是進口的。」

　　從法國鵝肝到台灣紅蔥頭，不同經緯度下的人事物，盡是不同的風情。

　　回台灣後陳良士拜訪紅蔥頭醬工廠。他發現由於廉價廠商習慣用機器製造紅蔥頭產品，受到過去製造業秤重計價的思維影響，蔥打得太乾淨反而虧錢，也間接導致蔥頭的根沒有挑得很乾淨。

接著他走進市場商店，審視架上商品。

「傳統醬料多半都是一大瓶罐裝擺在那裡，說真的整瓶泡著看過去不會太有食慾，平常根本不想看到，很多好吃的東西就這樣被埋沒。」一大包六十元的蔥酥，因為便宜，即使炸得黑黑的不好看也可以接受，有香味出來就好。

深度取經，檢視的態度也相對嚴肅。走遍許多國內外超市，陳良士認為台灣許多醬料標籤缺乏美感。「講好聽古早味是傳承，實際上是一種設計怠惰。東西賣得便宜，自然不想花太多心思在包裝上，最好二十年如一日，然後說是懷舊的包裝，或許這是一種行銷說法吧！但我覺得不對，因為看起來沒有質感，就是拿不上檯面、賣不了好價錢。」

這趟旅程得到了一些概念性的小結：

一、食物本身是平等的，所以要去想如何還給食物本來的尊嚴，呈現出它很棒的樣子。

二、好的食材透過簡單的料理，就能很美味。

三、要讓穿上衣服的食物，擺在全世界任何一個超市的角落，都能有專屬、吸引人的風格品味，讓消費者在品嚐前眼睛就先被征服。因為好產品的美感是先由外而內，再由內而外。

樂朋系列產品。（樂朋提供）以鵝油為核心衍伸的各種生活產品，要讓更多有心人一同品味更細緻的生活。

細節不同，產品就不同。

　　說來有些偶然，陳家的鵝肉店因位於橋邊而喚名，這與法國人有些浪漫的命名習慣很像。品牌創始之初，陳良士希望可以沿用老店名，但因「橋邊」直譯法文有些過長，因此簡稱「橋」，這也就是Le Pont（法語的「橋」發音近似「樂朋」）的由來。深耕台灣在地食材、師法法式料理細緻呈現的文化精神，陳良士期許樂朋作為一座溝通美食文化的橋，而自己也能在這座橋穩健的基礎上，浪漫地思考一些事情。

一罐鵝油香蔥，樂朋要求成色，蔥頭要有金黃的色澤；追求口感，吃起來要有洋芋片的酥脆。既要有傳統的台灣味，又要有別於傳統。

　　從源頭開始，依循古法，萃取三隻國產白鵝脂肪最肥美的下部進行油品釀造，不添加任何人工成分，一切自然。紅蔥頭則一路找到原產地雲林，砂質壤種出的蔥頭香氣最為濃郁，人工細細去根、剝皮、洗淨、切片，放入鵝油爆酥後快速起鍋翻涼，再以鵝油封存。黃金色澤閃閃，十分誘人。

　　「菜市場裡販售的紅蔥頭大多裝在三十公斤的大袋子，有時可能賣到三個月還在賣，有些可能會軟掉，比較糟的狀況甚至還發霉。當他一公斤賣五、六十元的時候，你沒有辦法要求他幫你冷藏保鮮。」

　　只是提升食材還不足以打造煥然一新的產品，產品如何與眾不同？陳良士想到「細節」，細節不同產品就會不同。

　　細節就是呈現的方式，準備工作相當廣泛，許多看似不是工作的其實都是工作：怎麼包裝？玻璃還是鐵罐？瓶子怎麼選？蓋子去哪買？標籤怎麼設計怎麼印？看起來簡單可請廣告設計公司一次完成的工作，樂朋卻慎重以對，也很用力地深化它。「很多人說找人設計就好了，但問題是設計出來的東西是他們的還是你

的？這不是砸錢就能做好的事情，不是那麼簡單。」

仔細研究國外的酒標美學，陳良士找出幾個關鍵：字體的比例、標籤的大小、顏色，以此原則發展出的樂朋商標與產品標籤，很簡單也很別緻。瓶子考量到環保採用玻璃瓶，創業初期因受限較小的需求量，只能在公版選項中尋覓。嘗試二、三十種瓶子後，陳良士雖然不是很滿意，但還是找到了勉強可以接受的款式。

兩位共同創辦人選擇先將產品做好，才開始洽談通路。「我們人不多、產品種類數量都不多，所以採精兵策略，準備萬全才正式出擊。」

「我們用的是國外的sample精神，什麼是sample？就是跟真的東西一樣。」不同於台灣常以半成品做樣品的習慣，在國外樣品是要錢的，最多就打個九折，因為樣品是可以販售的完整商品。樂朋第一批產品開發完成後，兩位創辦人為樣品特別設計了專屬盒子，並將製造日期打印上去，請通路商試用。「他們覺得很受尊重很開心，好像是收到禮物，而不是收到一個樣品——有人這麼用心送給我一個禮物！」

來自廚房的食物，堅持手作的感性科學。

「小時候吃的食物都是從廚房出來，那時沒有那麼多罐頭食

品和量販店,家裡冰箱也不大。現在似乎受美國影響很深,食物好像都應該要是工廠生產,這和法國好的食物是從廚房、工作坊做出來的習慣很不一樣。」陳良士堅信,從廚房出來的食物有生命且真正美味。

不少人問樂朋為何不設工廠?陳良士打趣地說,第一,自己不想成為日夜忙於生產的工人。第二,不想失去熱情,希望產品是有生命的,不是按一個鈕就可以出來一千份的東西。

「SOP有它的價值,但如果只是千篇一律地複製,我會覺得無趣,會失去對它的熱情,因為每瓶都一樣,一板一眼的。你有沒有注意到罐頭的味道是扁平的,但手工的味道是立體的。為什麼美食家吃到的東西會比較多?因為他見識廣,會去歸納辨別食物的細節與差異。這其實是種感性的科學。」

手作產品總免不了差異,也因量少不像工廠製造的食品有國際認證做加持,安全也是另一項容易被質疑的點,這時溝通就顯得格外重要。陳良士有時會以幽默的方式作比喻:「同一個爸媽生的雙胞胎都不見得長得一模一樣了,這些紅蔥頭怎麼會長得一模一樣!油的顏色不一樣?因為它不是經過調色的沙拉油。」

安全議題則回歸人性:「我們的產品就是我自己都愛吃的產品。」樂朋除了請製造商提供相關證明,自己也會不定期抽檢,

然而一次送檢的費用高達數萬元，作為小量出品的工作坊，不可能每次出貨都送驗，那樣的成本只有大量出貨的工廠經濟規模才能支撐。「但若真的有疑慮，我們也會知道該驗什麼：鵝油要驗什麼，蔥要驗什麼。」

　　手工在生產數量上的限制也反應在部分通路的選擇。樂朋講求季節限量，展覽的大單就不是追求的目標。目前因產量不大，在品管控制上能自我掌控，陳良士說未來若考慮到更大的生產規模，就勢必要面對用國際認證做生產管控的議題，屆時可能會找一個好的配合廠商來做，但還是希望避免成為一座食品工廠的思維。

市場上的先驅，價格與價值的挑戰。

　　當純手工的鵝油香蔥迎上一罐一百五十元的豬油蔥，這場仗該怎麼打？

　　「創新產品的價格往往不能直接參考原產業，因為投入的工很多，而人工才是最昂貴的，如果賣的價格和機器生產的工廠製品一樣，會完全不敷成本，是無法生存的。」樂朋認為，手工與大量化生產的產品各有各的市場，有人只想花一百元去品嚐，有人會選擇以三百元去感受食物的細節與價值。事實上，細節確實會讓這兩類食品有很明顯的差異。因此，兩者其實不該是競爭對手。

無法直接參考市場價格，陳良士與梁峻偉開始精算所有開銷：瓦斯、物料、標籤、瓶身到人工，但還是有些不確定。兩人端著自家產品登門拜訪微風超市，鵝油打造的創新產品，讓熟悉國外食材的經理眼睛為之一亮。「他說這個東西很棒，一定可以賣！他之前沒有看過這種產品，也很好奇為什麼台灣有這麼多鵝肉廠商，但都沒有人想到去開發。」

　　通路商聽了樂朋的成本評估後，反饋通路業界的行情。「我們也是第一次接觸通路商，去了才知道他們如何抓收費比例。」陳良士說很多台灣傳產業者都自己賣產品，一來給人家賺會心有不甘，二來是利潤不高，但相對的，只單純自己販售就比較難打開市場。新進業者如果一開始不熟悉通路的行規，價格沒訂好，之後可能就會成為進入連鎖或知名通路的巨大門檻。

　　「我們當時是初生之犢不畏虎，以前連石頭都跑去義大利買了，想說賣個東西應該不難，去拜訪通路商就對了。」因為缺乏通路經驗，樂朋在初期曾一度長達半年拿不到通路的營收。後來才瞭解在台灣私人直接找上通路商的例子其實不多，多半會經過盤商。「盤商有通路的經驗和專業會幫你處理。」

跨領域的組合加法，用聯名合作取代品牌代工。

　　創業初期因堅持手工無法大量生產，為避免單一產品過於單薄，陳良士用法國的解構主義概念，將鵝油香蔥拆解成蔥味鵝

油、原味油、乾蔥和鵝油香蔥四種產品。「一個好的東西拆開來都會是好的，我們後續的產品開發也是一樣的原則，以鵝油為核心，不停地解構再組裝。」解構主義的哲學解放了鵝油香蔥，也打開了鵝油在延伸產品的發展，像是聖傑克醬（XO醬）、黃金鵝香辣油。

翟家麵、手工麵線是台灣人喜愛又熟悉的吃法，樂朋與嚴選店家推出寬麵、細麵與手工麵線，並向消費者介紹兩者如何完美結合。

翟家麵是樂朋的一項副產品，同樣具有樂朋喜愛顛覆的特色。台灣的麵多半有個固定長度，學過建築設計的陳良士和製麵二代翟姓友人合作，將建築領域的黃金比例11，運用在麵條的長度製作。陳良士也廣泛瀏覽國外的麵食包裝，打造出讓11公分的麵站起來的罐裝麵，當時在台灣幾乎是前所未見。「我們覺得麵條好，就要裝在好的容器裡面，保鮮也好吃，吃不完擺在桌上也好看，你的麵這麼漂亮，你會好好對待它。」

陳良士繼續說道：「消費者買了產品後，可能會不知道要搭配什麼調味，那我就整套幫客人準備好。」基於消費者的潛在需求，樂朋找上百年醬油老店、本著「釀造」的精神開發手工醬

手釀豆油與純釀秋油。（樂朋提供）
黑豆釀造的滋味是鵝油香蔥的黃金搭檔：豆油，以純黑豆釀造卻能散發超過兩百種香氣；秋油則是饕家料理櫃中必備的調味聖品，葷素皆宜。

油。「葡萄是釀、黃豆也是釀，為什麼釀醬油不能像釀酒一樣？我們用紅酒的概念呈現醬油。很搞怪，從來沒有人這樣做過。」

　　樂朋的新品多半因應季節更替出現，有規劃但不過於硬性。比較規律推出的是一年一會的LE PONT SAC（年度限量手作橋邊帆布包與樂朋精選產品組合），它是每年9月樂朋的一項傳統，起源於2009年橋邊鵝肉十週年的一項產品企劃，靈感來自日本千鳥醋總本家早期使用、由京都著名的「一澤帆布」打造的外送帆布袋。

LE PONT SAC4經典系列。（樂朋提供）

一年一會的LE PONT SAC每年都會推出別出心裁的產品組合，二〇一二年的LE PONT SAC由樂朋與台南合成帆布、高雄餅鋪老店不二家聯手打造。

說服廠商跨域合作不是一件容易的事情。首先是缺乏動力，獲利穩定的廠商通常不太願意投資開發限量產品，其次是台灣的製造思維，開發產品常有最低經濟規模的框架，廠商多半習慣先收費再開發，或開發完販售前就要先收貨款。怎麼解決？就是持續溝通，直到感動對方。

　　「對方說不行的時候，我說我幫你想辦法；對方說沒有繩子，我說我幫你找；對方說不能這樣車縫，我說我找人車車看；對方會不好意思，他會覺得好像我比你還不專業，應該是自己的問題，怎麼是別人幫忙解決？你必須讓對方知道，我們是很認真地在做這件事情，感動對方，對方就會更願意投入。」陳良士回顧一路來的歷程，跨域一開始常常是吃力不討好，有時會因提出不同以往的營收模式建議而惹人厭。「需要不斷溝通，讓對方知道這是一種品牌合作，不是單純的代工生產，這是對兩邊都好的事情。」

　　「整體而言，少量開發的環境在台灣還是存在的，只是比較辛苦，但其實有慢慢在萌芽，大家開始尊重少量開發的精緻商品。而部分企業二代加入經營後，也讓這類型的合作溝通較為順利。」

理念的延展：藏身台北巷弄間的法式風情小餐館。

　　創業後三年，樂朋發現顧客以北部居多，若要有一間實體店

服務大部分的消費者並接軌國際旅客，台北是不二選擇。陳良士覺得，若只是單純開設一間直營店，就好像只是在經營一間雜貨店，似乎有些無聊，加上想把海外一些好的文化帶到台灣，於是想到了國外的小餐館Bistro。

「巴黎的Bistro大約是四、五百元吃一餐。座位小小的，大家的距離是親近、有點擠的，可以一起享用在地的美食，舒適地討論一些東西。我想我們可以用這樣的精神去轉移。」陳良士強調包裝好看，東西也一定要好吃，同理，環境亦是。在好的環境裡用餐工作，心情一定會提升，整個人會感到非常舒服愉快。

腦袋有想法，實踐則需要夥伴。陳良士找上當兵友人、未至設計公司的經營者，帶他走訪香港取經，描繪心中的小餐館。「香港許多店其實做得不錯，香港人尊重原創，如果要做西班牙餐廳，就會真的從西班牙進口需要的設備。但在法國Bistro其實很平民，比較不需要像香港進口那麼多高貴的建材。」

耗時半年精心規劃，2010年位於潮州街的樂朋小館開張，台法別具心裁的融合呈現，吸引許多名人饕客慕名而來。台北樂朋小館除了接軌高雄老店的料理，更在老店的基礎上推出新菜單，如融合法式元素的油封鵝腿、法式燉菜與鵝香薯條。「很多吃過我們薯條的人都驚呼怎麼可以這麼鬆軟好吃，那是因為我們用精心挑選的馬鈴薯整顆下去切，用鵝油炸，因為油好，炸出來的東

西當然香。」

　　樂朋的思維一脈相連，先求精深再求廣博，產品、餐廳的食材皆是如此。先看全世界哪裡有類似的產品，去瞭解飼養和製作過程，看它怎麼呈現，買回來實際吃吃看。「全世界我不敢說百分之百都看過，但至少市面上的產品我們都做過功課，且持續關注，我們基本功做得算紮實。你知道的我一定知道，我知道的你不一定知道，這就是我們要求的。我們有幾個理念：第一是專業，這很基本，我做這一行一定要比你懂這個東西。第二是熱情，我要比你有熱情，只有專業但沒有熱情是不夠的。第三是誠實，要常常自問這樣做到底夠不夠？這個東西好不好？」

鵝香飯、鵝香薯條、招牌燻鵝、下水拌鵝腸。（樂朋提供）

把好東西給懂它價值的人分享：
知己般的消費者與通路商。

　　許多品牌在創始期會藉由網路廣泛接觸消費者，聽取各方意見。有一個原則是樂朋所堅持的：對消費者打開大門時，除了清楚自己的品味與市場分量，同時要有自己的想法，避免毫無頭緒的聽取意見，最後變成騎驢找馬。

　　知食份子，一群願意投資好食材、肯在飲食方面著墨的人，他們是樂朋鎖定的主要消費族群，其身分識別在於他們撰寫的文章。「我們會先仔細閱讀他們寫的文章，先看有沒有內容，是不是言之有物，然後實際去吃吃看他們所介紹的東西是否好吃。」

這群知食份子往往是朋友圈中的美食意見領袖，他們認同樂朋，也就自然成為推廣者，形成口碑行銷。

除了消費者，樂朋也希望能夠聽取美食家的觀點。陳良士曾拜訪韓良露老師，剛好當時韓老師有位米其林三星的廚師朋友來台灣做菜，韓老師就把樂朋的產品送給那位廚師，和他說這是台灣一種新的醬料可以試試看。「那位廚師把我們的產品當作一個很棒很有趣的禮物。因為廚師最喜歡的就是有新的料理素材可以玩。」

樂朋的銷售管道從高雄店鋪與網路購物開始，接著朝向百貨超市滲透。所秉持的原則一樣是看對方懂不懂產品。進入通路前兩位創辦人會先去現場進行「品牌檢驗」：先看產品的鄰居是誰？品牌知名度為何？大約落在哪個價格帶？有沒有手工產品？通路經營者的理念為何？銷售人員是否懂這個產品的價值？

他們的想法是：先給懂的人吃，不用太急著要發財或是把量衝大。

那海外的知音呢？以香港為例，樂朋採取主動出擊的方式。一次陳良士看到一間覺得很有意思的香港店家，主動寫信聯繫對方，長達半年寄出數封電子郵件音訊全無，某封夾帶媒體報導的郵件讓對方回信了，表示願意支付運費請樂朋寄產品過去。樂朋

自此進軍香港。

台法飲食的創新融合也獲得海外消費者的青睞。樂朋小館店內不少台灣顧客居然是從外國友人的口中認識樂朋小館，也有不少海外旅客在部落格撰文介紹。

有生命的產品似乎天生有股走出去的力量。一間在烏拉圭的食品公司來電下單，要將樂朋產品在烏拉圭上架，連同運費成本一瓶鵝油香蔥售價近五百元。提到是否有意前進法國？樂朋的答案是正在申請中，未來可能在巴黎也能品嚐到台灣的鵝料理。

品牌成立初期人力少，與消費者的溝通交流主要建立在客服的基礎上。隨著事業越來越穩定，開始有人力去規劃一些小型活動，如組合商品免運、新品抽獎等。樂朋一步步結合官方網站、部落格與粉絲團建立回饋消費者的社群機制。

價值沒有辦法複製，只有價格可以被複製。

樂朋追求工作坊的理想，讓手感的溫度從生產者蔓延至消費者。至今，六人團隊以及家中的工作夥伴、農村的朋友，依舊用雙手細細挑著蔥頭，選擇以對食物的尊重與情感作為樂朋最有力的品管，讓每項產品都是獨一無二。

從鵝油香蔥、聖傑克醬到鵝油香蔥蛋糕、馬賽皂、護手霜、

沐浴乳等，樂朋持續以「鵝油」為核心開發許多相關產品，一方面是品牌的累積，二方面是透過不斷地推陳出新豎立自己的核心優勢。「台灣社會還不夠尊重原創，現在學我們的東西很多，我們除了要做得比人家好，更要不斷精進，讓別人來不及追上，用品質塑造品牌，用品牌為產品加值。一旦開始大量複製，產品不但會失去生命，品牌更會立即捲進價格的戰爭。」

為什麼能有這股快速推陳出新的能力？說到底，就是生活的累積。陳良士說家裡是做吃的，經常接觸到各種食物，鄉下人每天逛菜市場，每天都會用心去思考要怎麼做料理，是生活的習慣也是樂趣。

「當你想好好生活時，你就會去思考怎樣能把生活過得更好。」

馬賽皂、牛乳皂、護手乳。（樂朋提供）

依循十七世紀法國太陽王路易頒訂的馬賽皂配方，七二一％來自台灣的白羅曼鵝油混搭榛果、椰子油，成就了樂朋馬賽皂。調整比例配方，四〇％的樂朋牛奶皂則更為細緻滑嫩。鵝油滋潤的力量正逐步延伸至保養品的領域，護手霜為領軍產品。

個案九宮格分析

關鍵夥伴	關鍵活動	價值主張	顧客關係	消費者區隔
忠實顧客與海內外通路商向外傳遞了樂朋的價值，合成帆布、不二家等廠商是跨域合作的好夥伴，家鄉的父母與工作人員則是一路相隨的事業夥伴。	全球市調，從生產源頭到產品包裝的全程深度走訪觀察，尋找好吃的食材並為它穿上可以走遍世界的風格包裝，選擇合適的管道傳遞給懂它的消費者。	取擷法式料理的細緻風格，注入台灣在地的古早味，強調簡單的美味，用創新的巧思讓平凡的台灣料理變得不再平凡。	準備真正的樣品請教美食家與專業通路商，自消費者意見領袖影響起，透過產品的體驗與長期的觀念經營影響消費者。	一群在乎質感品味、願意投資美食的知食份子，他們會從細節裡看出食物的價值，以生活在台灣北部居多。
	關鍵資源 父母多年的料理實務經驗指導，創業初期借助老家的空間設備與部分剩餘人力，國外生活經驗與先前的工作經歷鍛鍊出樂朋國際化的經營思維。		**通路** 南北自營餐館與網路購物並進，外部尋找有相近品牌Sense的通路夥伴，雙線延伸從台灣到海外皆是。	

成本結構	收益模式
產品皆為手工製作，講求精緻價值導向，透過產品類型與項目的延伸，走向範疇經濟。	產品販售與餐飲服務是兩大主要營收來源，餐飲服務營收雖高但成本也高，因此利潤以產品販售較高。新的產品服務也陸續推展，如婚慶小禮。

　　樂朋的創業歷程從「價值主張」開始，但進一步追溯價值主張生成之關鍵因素，就不得不歸功「關鍵資源」。創辦人的成長與留學背景、工作經驗促成了價值主張的成形，也同時是樂朋成長的關鍵。

　　由於從價值主張出發，無論是「消費者區隔」、「通路」皆仰賴其對於「價值」的辨識能力，首批消費者需要是「知食份子」，通路需要是對產品、品牌價值有概念、而非價格至上的類型。「顧客關係」初期因人力

資源不足，多以客服層面為主，仰賴消費者的口碑加持。

　　「關鍵活動」是樂朋建構價值的歷程，價值主張是關鍵活動的運作目標。為了讓關鍵活動持續運作，「成本結構」的底限是守護價值，「收益模式」則要扮演拓展營收的重要角色。此外，在資源有限的狀態下，樂朋持續借助「關鍵夥伴」的力量延伸價值主張，藉此接觸到更廣泛的消費者，拓展市場也茁壯品牌。

經營關鍵要素

1. 核心思維與市場定位清楚明確，並實際貫穿所有的經營活動與發展策略。
2. 將產品創新開發的思維模組化，快速將生活中的累積轉化為產品服務。
3. 始終堅持初始的信念，不輕易因訂單而隨意動搖，固守品牌價值的根基。

關鍵步驟檢視

適用參考對象：以生活態度為核心之創業家。

Step1： 以生活經驗出發，從文化差異找出市場缺口，建立品牌核心差異——生活態度。

Step2： 深度追本溯源，以世界標竿之地為目標，從源頭到店面逐一取經所有細節。

Step3： 力行品牌精神，從產地、挑蔥到瓶標設計，各項細節皆一再落實品牌精神，創造差異。

Step4： 找尋契合通路，確實讓品牌的精神態度透過對的人將產品更精準地傳達給市場。

Step5： 持續多元創新，當一地市場規模有限時，可藉由產品品項的轉換找到更多的市場需求。

不只吃飽、吃好、吃巧，更要在欉的「吃福」

「在欉紅」，打造台灣在地水果果醬。

位於永康街的在欉紅點心鋪。

在欉紅以法式甜點、純手工製作的果醬，
讓台灣在地水果的銷售跳過中盤商，
將更多的利潤回歸給農民，
並將這樣的作法拓展到其他農產品，
期望為台灣在地農產，做出更多好吃的原味。

品牌名稱	在欉紅
創立年	2008年
創辦人	林哲豪
商品／服務	台灣在地水果製成的果醬、軟糖、甜點與咖啡
品牌精神	創造在地水果的附加價值，擔任消費者與生產者之間的橋樑，讓美味留給消費者，將利潤回歸給農民。

在台北咖啡館裡，用青春歲月醞釀台灣在地好味道。

　　2008年，幾位七年級生，因為愛吃，促成了台灣第一罐在地果醬的誕生。

　　他們在以嚴謹執著、追求完美聞名的精品咖啡店裡工作，「自家少量烘焙，養豆三十六小時，七日下架。架上的豆罐，皆由烘豆師一把把記錄，由專業咖啡師一杯杯測試。豆子一烘出來，味道不對？下架。養豆兩天，咖啡師測試，味道不對？抓變因找原因。粉量、溫度、悶蒸時間、沖煮手法……，排除沖煮變

在檬紅經營者，林哲豪。

因後依舊不合意？退。別人的及格分數六十，我們八十起跳，有人說我們驕傲，我想我們值得驕傲，一杯好咖啡，不容妥協。」

　　在咖啡館要求品質的思維培養下，這群年輕人經歷了一番很重要的訓練：如同紅酒，強調葡萄產區、來自各個莊園的獨特；咖啡也是一樣，這樣的思維與作法，很適合用於推廣任何農產品。對咖啡極致追求的理念，以及味蕾敏銳的訓練與培養，讓這些年輕人在往後的創業路途上，秉持著高於常人的卓越標準。

故事從一群因愛吃而志同道合的人開始，想到可以做、值得做，找出台灣在地美好滋味的方向確立後，在欉紅的雛形於焉誕生。

追本溯源，留住土地與枝頭的滋味。

　　「對這塊土地有感情、有認同，就會想要做回饋這塊土地的事情。」愛吃的團隊，喜好研究食材，因此在欉紅回頭重視根源——農業。身為水果加工公司，農業是上游，因此努力跟上游保持密集的聯繫，認為有好的食材，後端消費者才有機會享用到好的食物。

　　提及台灣好農產，不外乎米、茶，再來就是豐富的水果。而台灣農民有一個困境是，擁有一身栽種本領，卻不懂得銷售，尤其對於不耐儲放的水果更是如此，許多水果採摘完畢若當場沒賣掉，損耗率非常之大，農民本身的加工技術也不成熟，無法將水果最豐盛的美味保存下來，水果一熟爛，就只能當成豬飼料。

　　許多美味卻不耐儲運的品種漸漸消失，台灣果農一窩瘋種植較具經濟價值作物的現象，使得台灣水果品種多樣化消失。「變成一講到芭樂就是珍珠芭樂，聽到芒果就是愛文，鳳梨即聯想到金鑽，這樣很可惜，我們想幫助台灣農民，利用在地生產的水果，去研發出一款款手工果醬，把土地與枝頭的味道保存下來。透過研發，將一些較不適合鮮食、但卻很適合做成果醬的品種找

出來，希望留住台灣水果品種的多樣性！」

在欉紅團隊發現，大多數台灣人對果醬的印象不好，也沒有習慣性需求，真正將果醬融入生活的消費族群相當有限，願意花錢買優質果醬的人更是少數。在開拓市場上，若只以果醬為核心，的確會是條艱辛的路。但是，也因為市場上對手作果醬的需求量少，競爭者相對少。所以對在欉紅來說，誰能突破，機會就在誰手上。

在地認同與品質優先，台灣水果的不可替代性。

「在欉紅」（Red on Tree）以台語發音，意指果實在枝頭上最適當熟成的完美狀態。果實在植株上成熟紅透後採收，此時果實的風味口感與香氣皆達到巔峰狀態，此狀態瞬乎即過，故通常只有產地的人方有口福享用。

對上游來說，在欉紅為在地的水果奮鬥，努力推廣公平交易、宣揚產地；對下游來說，只有做出好產品這一個原則。

在欉紅的果醬使用大量當令新鮮、在地嚴選的無毒農業水果以及適量的糖，完全不添加吉利丁等人工化學成分，僅使用自水果所提煉出的天然果膠作固形，手工限量製造，堅持「在地、自然、健康、純粹、美味」。耐心讓水果與糖分有足夠時間彼此相融，充分飽和果醬質地，並盡最大努力留住最原始自然而完整的

水果香氣。

　　在欉紅這麼做，源
自於兩個核心訴求：在
地認同與品質優先。在
欉紅不主打手工，他們
認為手作是優質的基本
條件，而選擇主打「在
地」，希望消費者享用
果醬時，能想到台灣水
果的不可替代性，如同
許多人從紅酒開始認識
法國的道理，希望關懷
這塊土地的台灣人與外
國人，可以藉由食物來認識台灣。

　　「我們希望產生正面的力量，不管是對上游或對下游。對下
游來說，就是做出好果醬，也盡量把成本控制在合理的範圍。另
外，因為台灣並不是一個具有果醬使用習慣的國家，我們希望能
夠做出台灣本來就會用、本來就愛用、也會喜歡吃的東西，往這
個方向努力，讓果醬一拿出去就知道是台灣的東西。」在欉紅勾
勒的藍圖，即是要做出不凡的果醬，具有品牌價值的「台灣」果
醬。

在欉紅嚴選台灣在地逐漸消失的水果製成果醬，除了保留台灣水果味之外，也為稀少品種尋求出路。

釀造一抹靈魂滋味，向法國取經。

　　從2007年底醞釀想法雛型，2008年初想法概念成熟，沒有相關技術的在欉紅團隊開始研究果醬製作，只憑著幾本法國食譜及一股熱忱，試做了八個月，每研發出一款果醬，團隊便不斷試吃，也繳了不少學費，才瞭解各種水果的特性。以鳳梨為例，為找出最適合製作果醬的鳳梨，每次都買一、二十斤鳳梨，若不適合，就整批不用。

　　但是，初期用熱情做出來的果醬，雖吃得出誠意，卻缺少了

靈魂。「你知道這個東西是用心做的東西，真誠，可是不動人。以在欉紅的定位，既然是從發展台灣的特色出發，希望消費者吃下去，就知道是很有經驗的。而不是這個很純粹、這個很天然、這個很手工，那它不過就是家庭式果醬。」直到說服當初在欉紅團隊常去的甜點店留法主廚David Huang加入後，製程技術才逐漸步上軌道。

將產品標準及定位拉至國際高度的在欉紅，甚至飛往法國，拜訪以手工果醬聞名於世的大師Christine Ferber位於阿爾薩斯的工坊。「不是去學怎麼做果醬的，大師出的書，台灣都買得到，有英文版，幾乎所有做手工果醬的人都有那本書。重點是，看了書也不一定做出好產品，因為台灣與外國食材的差異，做出來的果醬口味就不同。」團隊前往阿爾薩斯的工坊觀摩，學習到的是態度。

阿爾薩斯工坊的公關告訴團隊：「很多大廚事業到一定規模後，就開始做研發，把配方跟製程交給下面的人去執行。但Christine Ferber不是，堅持所有的果醬都要他在的時候才做，這個堅持是了不起的！」在欉紅才發現，原來做果醬就像釀好酒，除了有心、還要有靈，不只靠技藝，還要傳遞一種精神。

台式食材法式邏輯，引領「酸、香、甜」的優雅質變。

果醬的三個元素是酸、香、甜，但熱帶水果的特性是酸味與

香味不足，特別是因生長速度太快，香氣難以凝聚；由於製作過程會加大量的糖，台灣水果糖分偏高，反而容易有焦糖化現象，這就是為什麼知名果醬多半來自溫帶國家。

於是在欉紅運用蜂蜜、巧克力、烏龍茶等香料與水果搭配，製作出像綠檬巧克力、肉桂柳橙香蕉等口味。「會有一個酸甜比例，說是法式邏輯也可以。若都是甜，你需要配一個東西去平衡它，那做出來的東西吃起來才會有層次感與豐富性。」這樣法式概念調配的做法，美食家葉怡蘭觀察：「新一輩做果醬不受限於

熱銷的在欉紅水果軟糖。（在欉紅提供）

傳統果醬的做法，在欉紅不但表達出水果的質感，也聰明的以檸檬等酸味淡化台灣水果的甜。」

　　由於每罐果醬都使用最新鮮的水果製作，五、六十斤的水果，最多只能做出五十罐果醬，每罐僅有250公克，相當於一斤水果才能做出一罐果醬。因此，在欉紅的果醬訴求當季鮮吃，季節限定。

　　為了找尋台灣味，建構熱帶水果果醬食譜，在欉紅使用的水果，都是團隊收集各方資訊，到處請教學校教授、農改場，上網找資料，直接到產地拜訪、尋找合適品種，才慢慢找出一款款適合製成果醬的水果。在走訪鄉鎮找尋水果的過程中，也重新挖掘出一些被遺失的味道，如富有濃郁香氣的彰化紅心芭樂；同時更瞭解水果的品種與氣味，發現即使是同一種水果，也會因品種差異而影響果醬的風味。如有華麗香氣、酸甜口感層次分明的鳳梨果醬，在欉紅選用台灣土鳳梨製作果醬，就是看中土鳳梨原始粗獷的香氣與酸味，較粗的纖維用來做果醬，效果更好，至於改良後的金鑽鳳梨則甜度高、纖維少，製作出的果醬少了傳統鳳梨香氣，過多的水分反而無法做成果醬。

　　在欉紅與在地果農以約定採購的方式，建立彼此互信的合作默契。也直接向具有生產履歷的產地購買，除了希望買到第一手、品質最好的水果，更重要的是，讓農民避免透過中間盤商，利潤可以直接回到農民身上。

攜著在地關懷與通路共行，都是為了台灣好。

　　手工果醬的製造方式，比一般人想像得要講究，進了廚房的水果，剔下果肉要先用糖漬一天，才能開始熬煮。熬煮果醬專用的銅鍋，在使用之前必須先把氧化的表面清潔乾淨，熬煮出來的果醬就不會因為沸騰而變色。當天到貨的紅心芭樂，開箱就得馬上處理。

熬煮完成的果醬，要馬上裝罐封瓶，確保果醬的風味，而一天僅百罐的產量，銷售自然要選氣味相投的通路才行。

　　在欉紅認為與消費者直接接觸、傳達理念是一件很重要的事，因此品牌的第一個通路，就是找上248農學市集的楊儒門，希望建立消費者對台灣農產品的新印象。回想起當初合作的機緣：「跑產地的一個朋友認識楊大哥，跟楊大哥碰面之後，理念一拍即合！大家的初衷都是為了台灣好。」

　　專營台灣在地水果的在欉紅，以「在地關懷」的價值，漸漸打響名號，當誠品書店成立「誠品知味」這個展售台灣食材的品牌，在精緻展現味覺和凸顯文化意涵的定位下，自然找上在欉紅合作。與誠品知味的合作，讓在欉紅從家庭式的生產，走到較具規模化的生產；另外，如好丘、PEKOE、福山農場等實體通路也紛紛找上門。

　　此外，台灣果醬香也飄進法國。2010年，法國巴黎「桃花源茶坊La Maison des Trois Thés」負責人曾毓慧在248農學市集偶遇在欉紅，開啟雙方合作契機。

　　2012年末，在欉紅以主廚David Huang及曾毓慧之名，趕在聖誕節前於巴黎上市。果醬底部清楚標示著製造商「RED ON TREE（在欉紅）」以及產地台灣，在欉紅用軟實力打入具有飲

食殿堂之稱的法國，進行軟性外交。除此之外，在欉紅也參加法國艾德拍賣商所舉辦的慈善精品食材拍賣會，與許多超級稀有的食材一起陳列拍賣，如多年熟成的帕馬森起司等，透過這場拍賣讓世界看到，原來在台灣有如此令人驚豔的食材。

　　同年，在欉紅以試驗性的性質，成立了自有的實體店鋪，一個能與消費者長時間直接溝通理念的地方。位於永康街的「小自由」，以店中店形式，呈現台灣水果美麗與甘甜的在欉紅點心

鋪,自家留法甜點主廚從原本的在地熱帶果醬出發,一展長才,製作檸檬塔、可莉露、烤布蕾等法國傳統甜點,使用法式傳統配方,以台灣的水果食材調配,演繹出甜心滋味,很受消費者歡迎。

輕嚐台灣水果甜入心,饕客尋味前來。

　　在欉紅的主要顧客是一群講究生活、在意飲食的人,跟樂活族群有很大的重疊性;因在國外思念台灣水果,每次出國必帶果

在檨紅運用台灣的熱帶水果製成果醬，同時也將水果與果醬運用在點心上，提供給永康街上在檨紅點心鋪的消費者享用。（在檨紅提供）

醬的留學生也是重要消費客群。另外，點心鋪的消費者則聚焦在二十～三十五歲的女性，約莫有七成左右，也因永康商圈地緣之便，有兩成消費者是喜歡台灣在地農產的日本人，會特地尋味前來。

　　成立四年多以來，在檨紅依據經營法則，發現營運旺季都落在送禮季節，因此推出禮盒，並依據季節性產品與消費者生活習慣，推出小容量果醬，自原本常年性產品容量的220公克，縮小

變為140公克，讓消費者能一次體驗更多的台灣水果滋味。

最受歡迎的果醬是彰化紅心芭樂及南投燈籠果這兩款。紅心芭樂色如胭脂滋味香甜，底韻渾厚且偏軟的口感，勾起人們小時候吃紅心芭樂的記憶。而大部分的台灣人都沒吃過的燈籠果，其實是種土生土長的在地水果，但因採收麻煩，很少人栽種，但製成果醬後口感特殊，有層次的酸甜讓人忍不住上癮。

怎麼樣的消費，決定怎麼樣的未來。

220公克手工果醬每罐單價約三百二十元，偶爾會遇到消費者說，「這價格可以買好幾罐自由牌女神果醬。」但在欉紅不氣餒，飽滿的自信裡不帶傲氣地認為：「這代跟上代的人不同了，我們是世界級的果醬，有本土關懷，又有獨特好風味。」

保留記憶的滋味，嘗試喚起人們心中的感懷，在欉紅透過定期電子報的寄送與Facebook粉絲團的經營，與消費者直接互動。在欉紅要從消費端啟動革命：「怎樣的消費決定怎樣的未來，如果今天大家都去消費好東西，那它就會保留下來，也會越來越便宜。」以前快要消失的紅心芭樂品種，因為消費端的啟動，農友會願意多種幾棵芭樂。因此，藉由水果加工，呼籲消費端用消費的方式保留好產品，轉而促進生產端的活絡，在欉紅透過幫市場採購農產品的方式，盡力地產生微小的影響力。

　　「當最末端的消費者也好，購買好產品這件事情本身就是對於生產好水果的農家的認同與支持。」努力啟動消費革命的在欉紅，目前營收維持損益兩平，分三塊主要的營收來源：網路通路、實體通路經營與B2B企業禮盒訂單。季節性的水果會在當季優先處理成果醬，而常年性的水果則根據訂單，因應銷量跟銷售的速度調整，讓銷售的狀況反應在生產排程上，進行數量的調配。

必是一塊留著奶與蜜的土地，方能孕育出這樣的甜美。

　　不管是萬年紅酸荔枝、白布帆軟枝楊桃、摩天嶺甜柿、玉井南化芒果、麻豆老欉文旦等，台灣鮮食水果的品質之高早已不在話下，更能讓人在滿足口腹之慾的同時，燃起對自己土生土長的土地的驕傲與熱愛。但如此令人驚豔的食材，卻有可能因為市場單一化的趨向而消失。

　　在欉紅堅持透過果醬來保存水果，採用法式甜點方式製作純手工的果醬，直接和消費者面對面，跳過中間的盤商，將利潤回歸給農民，也將這樣的作法拓展到其他的農產品。

　　「我們要買國際的好咖啡很容易，但要買台灣很好的咖啡豆，卻不知道要上哪買。」在欉紅2012年推出咖啡鋪，坐落在新店的上班族密集的辦公大樓一樓區域，致力於找出台灣好的咖啡豆，並以一杯一百塊推廣價的方式去拓展台灣咖啡豆的市場，期

望讓咖啡豆的生產端銜接上台灣咖啡消費市場的優質文化。

「如果很多人做，那我們就不會再去做這件事情。」在欉紅認為，掌握自身核心，以差異化創造非凡價值，是品牌創業最重要的元素。

年輕的在欉紅團隊，從水果出發建立品牌，多元化發展水果加工，並建立起消費者與生產者的橋樑，一步步還原土地的原貌，回歸給農民一份尊貴的執著與驕傲。透過好產品，在欉紅讓消費者享用台灣食材的美好。因為最能讓人從身體、心裡認知到台灣這塊土地價值的，正是這塊土地上的優質農作。

個案九宮格分析

關鍵夥伴	關鍵活動	價值主張	顧客關係	消費者區隔
與誠品知味及好丘等重視MIT的經銷通路結盟，以及鋪點於PEKOE及福山農場等重視食材的通路商，是為在欉紅從家庭式生產走向規模化生產的重要關鍵夥伴。	與農民以約定的方式，保證收購市場上快沒落之水果品種，全程手工製作的果醬與甜點為主要的關鍵活動。	在欉紅採用法式甜點方式製作純手工果醬，跳過中間盤商將利潤回歸給農民，並將這樣的作法拓展到其他的農產品，期望為台灣在地農產做出更多好吃的原味。	站到第一線如248農學市集與消費者不厭其煩的解說，並透過電子報與Facebook讓消費者知道當季水果與果醬的訊息，讓消費者藉此瞭解品牌的價值主張。	在欉紅果醬的消費顧客是一群講究生活、在意飲食的樂活族群，而點心鋪的消費者有七成為20～35歲的女性，兩成為喜歡台灣在地農產的日本人。

	關鍵資源		通路	
	以團隊中甜點主廚之knowhow，創辦人林哲豪本身所投注之資本，與以資本購入之機械設備，這三者皆為在欉紅商業模式的關鍵資源。		內部以自營與網路銷售並進，外部被動地與理念相符的經銷商，如誠品知味、好丘、福山農場與PEKOE等經銷通路合作。	

成本結構	收益模式
因果醬製作皆需手工進行，目前以逐步增加產品項目邁向範疇經濟。	目前營收維持損益兩平，分三塊主要的營收來源：網路通路、實體通路經營與B2B企業禮盒訂單。

　　期望為台灣在地農產做出更多好吃原味，並且兼顧農民利潤與保留台灣稀少水果品種的「價值主張」出發，在欉紅以其目前擁有之「關鍵資源」，包含人才與人脈的經營團隊，以跨領域思維展開手工製作果醬與甜點生產的「關鍵活動」，同時與農民以約定採購的方式，呼應「價值主張」進行商品的生產。

　　為創造市場上快沒落的水果品種之銷售，在欉紅先選擇與消費者面對

面直接解說產品價值的農學市集,並同時輔以網路工具向消費者宣傳當季新產品消息以維繫「顧客關係」,同時透過理念相符的經銷商擔任「通路」據點,漸漸勾勒出品牌的「消費者區隔」是一群重視生活、飲食與健康的族群。

透過「通路」與「消費者區隔」的雙重篩選,在創業的過程中在欉紅也漸漸找到「關鍵夥伴」,建立起重視MIT的經銷通路結盟,是幫助在欉紅家庭式生產邁向規模化生產的重要關鍵。目前仍以成本導向的「成本結構」、販售產品的「收益模式」為主,未來期望以「關鍵資源」與「關鍵活動」的進行,持續為成熟產品線找出新的展現方式。

經營關鍵要素

1. 善用跨領域與國際化思維,以台式食材法式料理手法處理產品,能為消費者帶來耳目一新之創新味覺饗宴。
2. 以台灣水果出發,從果醬至點心鋪,保持創業DNA的活力,將現有產品線發展組合成不同的展現方式,發掘新市場。
3. 透過以直接接觸消費者傳達理念的方式(如建立實體店面與農場市集的解說),從消費端思維的啟動,用消費的力量來改善生產端的環境,藉由跳過中間盤商,讓利潤可以直接回到農民身上。
4. 掌握自身核心,不做「ME TOO」,以差異化創造非凡價值,是品牌創業最重要的元素。

關鍵步驟檢視

適用參考對象:想為產地盡力之鄉村創業家。

Step1: 找尋創業夥伴,鎖定目標產品 / 服務後,向業界之國際標竿取經學習。

Step2: 運用跨界手法,以跨國之料理方式打造產品 / 服務,創造新價值。

Step3: 回溯供應鏈源頭,建立與產地間之關係,保持信任鞏固產品 / 服

務品質。

Step4：親身站崗通路，直接接觸消費者傳達理念，除藉此驗證消費者族
群外，亦能將消費者意見反饋至產品／服務開發。

Step5：發展場域體驗，以原有產品／服務為基礎運用至新產品／服務之
範疇，並建立實體場域，讓目標消費者至實體場域體驗新產品／
服務。

子題三：

蛻變
代工到高端自有品牌

溫火
慢慢熬

「吾穀茶糧」，客家舊食傳統
化身台灣新味食茶趣。

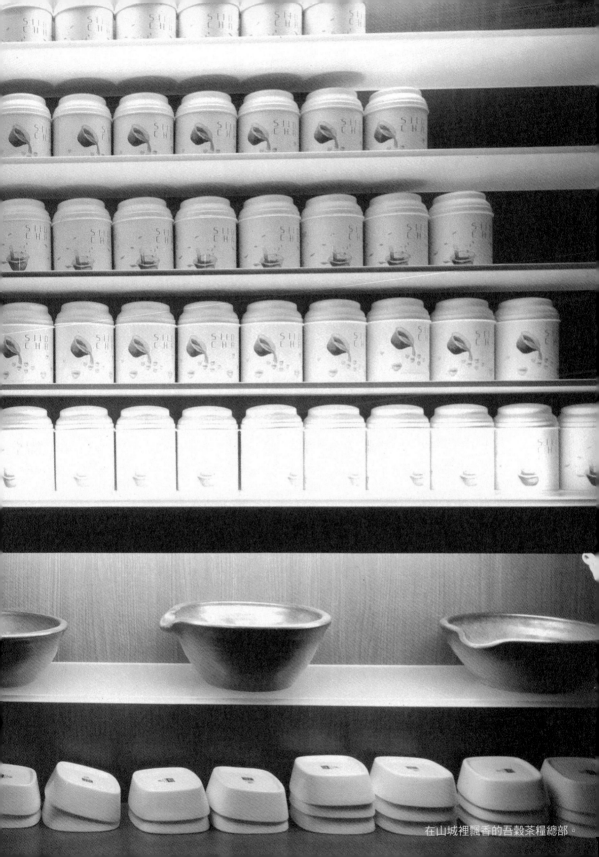

在山城裡飄香的吾穀茶糧總部。

「人一定要有夢想，當然夢想不見得馬上就能達成，
但只要堅持，一步一步地走，早晚有一天你會達到。」

那麼，你願意給一個夢想多久的準備時間？

先用十五年為夢想打底，再用十七年鍛練一身好功夫，
然後不畏困難，攜手下一代準備登上國際舞台。

品牌名稱	SIID CHA吾穀茶糧
廠商名稱	林園食品股份有限公司
創立年	1975年
創辦人	林文琇
商品／服務	以五穀雜糧為核心衍伸出的各種穀飲、茶飲、點心與相關餐飲服務
品牌精神	在五穀雜糧與客家食茶文化的基礎上，注入嶄新元素，為穀物創造多樣化的風味。

家族的使命，蠢蠢欲動的創業魂。

　　林文琇，苗栗客家人，祖父林榮水所經營的雜糧批發曾是桃竹苗四大商社之一。童年的遊樂場是祖父的雜貨店，店內穀包所裝載的各種豆類則是無聲的玩伴。林文琇常說，好像就是這股「經商」的家族血液，讓他時常感受到肩上有份使命：不能過太安逸的生活，要創出自己的事業。

　　1994年，正值不惑之年的林文琇自中油退休，醞釀十多年的

創業夢正式啟動。那年，兩個兒子剛上國中。「當時察覺到台灣的經濟會慢慢遇到瓶頸，我覺得未來兩個孩子的就業環境不會很好，想出人頭地會越來越難。我和太太說是不是讓我出來創業？太太很支持我，既然是我的夢想，就讓我去實現。」

「當初的動機是這樣：第一是精神使命在號召我，第二是我看到未來的職場會很辛苦。」

事實上，林文琇曾短暫創業過。數十年前，因奶粉價格高，多數人以「米麩」作為嬰兒的副食品。當時林文琇以黃豆為核

心，推出「豆漿粉」廣受好評，迅速進入軍公教福利中心等連鎖通路。創業兩年後因太太期盼安穩，他便將蒸蒸日上的事業交給家人，自己則隨著妻子進入公職體系，一做就是十四個年頭。

闖進五穀雜糧與客家擂茶市場的一張訂單。

退休後的林文琇再度回到原點，從豆粉製品開始。

「當時有機器設備，我一有空就研究五穀雜糧。每種豆子拿來就把它變成粉，想說搭一搭是不是可以變出什麼新東西。像是調色盤，混合就能變出新的顏色。我那時一直開發，但沒人下單。」

三年後某天，一位量販通路商找上林文琇，提議開發一種混合二十多種豆類的五穀雜糧產品。當時市面上沒有這樣的產品，林文琇當然也從未開發過，「但總算有單了。」首次嘗試很幸運地市場反應不錯，每個月從幾噸到幾十噸，雙方合作了五年之久。

生意蓬勃發展，讓通路商確認市場的潛力，於是決定自行設廠開發。「那時他的單佔了工廠產量的八成，當我知道他準備在南部蓋工廠時，心情真的很忐忑，每天都在想那些同仁怎麼辦？但也不能說別人不能抽單，所以我當時就下定決心要做更多元的產品，因為我知道，如果不趕快走出一條路，就會被淘汰。」

林文琇當時決定了兩個方向：多元化與客製化。

「我們用關鍵比例將五穀雜糧的香味調合出來，而非仰賴化學成分提味，客人要什麼我們就開發給他，並做出差異，有差異才能長期在市場上生存。」林文琇說，客製化越徹底，差異性就越大，產品就越多元，別人想仿冒都難，大廠有生產規模的壓力無法這樣做。林文琇說自己是因禍得福，因抽單而打開客家擂茶的市場，也逼自己再成長。

原先合作的通路商自行設廠後，由於通路策略與國內食品大廠太過雷同，最後被大廠併購。朝差異化發展的林園食品，則累積了兩百多間的擂茶經銷商，並開發出上百種產品配方服務每一間廠商。

「調色盤上的顏色就這幾種，你可以透過這些去做組合。怎麼組合？這就是你的核心技術，要做到不可取代。」

當橋下的泥沙越堆越高，我們須另闢新路。

縱使成為全台九成擂茶市場的供應商，但全球穀物價格與人事成本持續攀升也是現實。當景氣普遍低迷，末端市場價格幾乎沒有調整空間。

「即使不斷開發新的經銷商，但成本就像泥沙一樣越堆越

高，離橋面越來越近，獲利的空間越來越少，我們必須另闢新路。」走過第一波經營危機的林園意識到自己必須再次轉型，突破利潤空間被壓縮的挑戰，這次決定從製造業轉向服務業。

經歷了多次溝通，2006年林文琇終於讓兩位兒子加入林園，從基層開始打拼。此時林園已擁有兩座工廠，一廠做自動化，二廠則做客製化。

「那時固定的訂單都有了，基本盤也穩定了，我要兒子回來一起規劃公司。年輕人有很多不一樣的想法，我就一個原則：只要對公司有利、不含私人因素的建議我都聽。我很尊重年輕人的想法，畢竟過去的成功經驗或挑戰終究只是一個過程，未來十年他們不見得會碰到一樣的問題，不能用舊的觀念面對新的年代。」

新生代加入後，林文琇有了更多時間做公司長期規劃，開始轉型服務業的腳步。二兒子林宜達加入後，除了行政業務與現場工作外，開始推動公司轉型觀光工廠評估，陸續推出體驗服務：米食DIY、客家擂茶DIY、免費招待苗栗縣市的幼稚園體驗爆米花。林園旗下的第一間餐飲店也在這時誕生。

「我曾在苗栗醫院前經營一間早餐店提供養生餐點。那時的想法是，我們的穀粉可以發展出很多種產品，能為以後的轉型鋪

路，我知道以後一定會進入餐飲市場，倒不如先在離我最近的地方練兵。」林文琇笑說，就是用一點錢買經驗啦！這一練就是近兩年。

　　「回想起來，我覺得林園的轉型能成功，第一是年輕人加入，第二是進駐聯大育成中心。」

你不可能什麼都懂，想長大必須要會向外找資源。

　　某天同樣位於苗栗的聯合大學育成中心主動來敲門，互相認識後，林園食品決定進駐。「現在不是說你的東西品質好就賣得掉，包裝行銷等要做的事情很多，但不可能請一大堆人，需要資源怎麼辦？去找學校，它會幫你把視野打開，輔助你原先不足的地方。」

　　林園食品開始學習撰寫政府輔導計畫，聯大的老師與顧問一路從旁協助。2009年起在雙方努力下，林園陸續取得多項食品安全認證。

　　「公司要成長，基本盤一定要先下功夫，什麼是基本盤？就是公司內部的管理，就是軟實力，包含製程、人才、上中下游廠商。穀粉難做嗎？但真正進入通過門檻的人卻不多，因為做食品最重要的就是安全，而這個安全必須要用很多的認證去證明。認證是很大的投資，是一種越築越高的競爭門檻，對於經營團隊也

是很大的挑戰與改革。」

　　國際認證不但是對食品安全的深度控管、給消費者的安心保證，更是進入國際市場的基本門票。起源於美國太空人食品研發的HACCP認證，專注食品製程的管控；ISO22000則藉由上下游供應鏈的管理確保食品安全，是目前全球食品製造商公認的安全系統。林文琇說，今天林園能持續與國內外食品大廠進行合作開發，就是因為具備國際認證。「認證會規定上下游採購都要符合標準，強迫上下游廠商一起提升。」

　　林文琇回憶：「剛開始推行認證時，因認證規定須更換部分合作廠商，同仁反彈也很大，因為多了很多管控的作業流程，以前沒有的現在全部開始要求。我和同仁說如果你今天是消費者，你會不會做這些要求？換個角度想就會知道自己應該怎麼做。國際認證是讓消費者管理你們，而不是老闆的要求。」

自有品牌的生成，專業設計夥伴很重要。

　　在育成中心的引導下，林園不斷提升研發能力，更藉由政府計畫持續推出新產品、接觸海外市場。2009年，林園獲選經濟部商業司「協助服務業創新研究發展計畫」（ASSTD）優良個案廠商，這個計畫讓林園成功催生了第一個自有品牌——「妙磨坊」（Mill more fun）。同年9月，林園因應觀光局的邀請，帶著妙磨坊的小缽擂茶參與「香港東港城台灣夜市節」。這趟出訪

啟動了林園對海外市場的願景，林宜達說：「我們深感只在地方推廣擂茶實在太可惜，這麼好的客家文化特色應該好好地宣揚到海外。」

香港返台後，林園參與經濟部主持的「一鄉一特色OTOP地方特色展售會」，在這裡林園遇到了日後的重要夥伴──美可特品牌設計公司。

林文琇回顧：「我們請教王總妙磨坊的概念，他說這個詞和五穀雜糧可能不好做聯想。妙磨坊是什麼意思？有點像外國來的名詞，但終究五穀雜糧是比較在地的東西，跟客家傳統有關係。畢竟每個行業的專業領域不一樣，研發產品對我來說不算太難，但品牌包裝設計難度就很高，那不是我們擅長的。」

確立品牌名稱，茶與穀飲多元結合。

從2009年的妙磨坊到2011年的吾穀茶糧。這中間發生了什麼事？

品牌需要有自己的衣服，林文琇運用學校人脈網絡為妙磨坊的產品著裝。「我找過學生找過老師，他們的作品單獨看都是漂亮的，但放在一起人家不曉得你在賣什麼。因為設計師的思維沒有連貫，設計與設計之間沒有一致的品牌概念，貨架的產品一眼望去會以為是雜貨店。」

品牌聯想有障礙、視覺設計遇到風格發展的難題、產品類型只有不易被年輕人接受的穀粉，自有品牌的下一步出現了瓶頸。

　　林園與美可特團隊持續激盪，經過無數討論，最後決定讓妙磨坊走入歷史，改以「吾穀茶糧SIID CHA」推陳出新。

　　這是一個一聽就懂的名字，也為五穀雜糧找到新的可能。「我們希望能跳脫一般大眾對五穀飲的傳統印象，以現代品味、精緻典雅風格打造養生食品。」林宜達說。

　　「如果妙磨坊是個人工作坊的作品，那吾穀茶糧就是集體創作。」林文琇說有了妙磨坊的經驗，他發現要推出自有品牌的製造商，真正需要的不是一兩位設計師，而是一個能長期合作的專業品牌設計團隊。「就算團隊成員有異動，但風格會被保留，品牌的一致性不會因為少數同仁流動而改變。」

　　新的品牌定位讓「茶」順理成章地成為重要成員。「雜糧有點受限，只能作穀飲。像日本有玄米茶、蕎麥茶，我們想只要把茶的領域打開，讓五穀雜糧的元素進去，就能讓茶和穀飲有更多元的變化。」

　　確立品牌名稱後，有意前進海外市場的林園立刻註冊商標，果不其然，相關的名稱幾乎都被註冊了，最後加上了客家話的

「SIID CHA」（意指喝茶）總算大功告成。

永續生存之道：不偏離正軌的創新。

打造品牌有很多事情要做，首先，從產品創新開始。

經來源認證的原料、不添加人工香料和防腐劑，是吾穀茶糧出品的基本條件。採取低溫130度烘焙封存穀物風味、保留營養價值，免去燥熱、臭油味以及因高溫所可能產生的有毒致癌物質。

「架上的產品數量要多、種類要夠，且必須要是自己的。」林園內部設有研發小組，同時取經市場、請教不同領域的專家，讓新元素持續加入。「我們的概念是以調色盤混搭創新，讓產品在不偏離穀糧的前提下越來越多元。」

　　依循「口感」，吾穀茶糧延伸出不同層次的飲品：飽足厚實的穀飲、香氣濃郁的即溶飲、輕盈芳醇的茶飲。每項吾穀茶糧的產品，都是林園和美可特密集討論的成果：從產品精神、題材選取、食材開發、包裝設計到市場行銷，一環扣著一環。

　　品牌不但讓新產品有了展示舞台，更同時打開過去幾乎絕緣的下午茶市場。林文琇描繪：「肚子餓時可以吃穀飲，下午與好友聊天、情人約會時，可以享受清淡穀茶和美味點心，看電影的時候可以吃爽口健康的零嘴餅乾。我們會一直去看消費者的需要，在我們的能力基礎上持續創新延伸。」

　　「不能說現在生意很好，我就可以靠著它一輩子。居安思危，一定要不斷創新降低景氣對企業的威脅。」林文琇很清楚推陳出新的必要與重要。

　　林宜達說：「我們做這些產品也是希望可以運用更多台灣的農產，像是茶葉、米，甚至水果、花卉。希望未來能夠帶動上游供應鏈更多的需求，盡社會責任。」

熱銷產品糙米麩。（吾穀茶糧提供）

「一點一點抱持著滿滿的期待，緩緩剝開棉線，卻又迫不及待想要立即享受裡頭的美好滋味。」吾穀茶糧的糙米麩系列將二、三十年前小朋友剝開糖果的美好體驗轉換成包裝的巧思，延續了四、五〇年代人的生命回憶。其實就連龐大的麵粉袋也曾經是這樣包裝喔！

事實上，台灣五穀雜糧有許多作物因產量不足而無法供應內需，林園食品使用的原料只有百分之二十來自台灣，其他皆需仰賴進口。林文琇期盼政府可以鬆綁相關休耕政策，活化土地利用，讓台灣邁向自給自足。

「我們作為一個生產商絕對會支持，只要這些東西夠好、價格合理，既然台灣有為什麼要去國外買？我們希望能本土化，幫助更多在地人，只要台灣有產我們都優先使用。」

一間讓九份質感化的風格食茶店

　　2011年6月23日，台北國際食品展上吾穀茶糧首次亮相，期盼能吸引重視生活品味、認同在地的國人與來訪台灣的國際觀光客。這次曝光獲得誠品與好丘的青睞，不久後他們成為吾穀茶糧的通路夥伴。同年12月，吾穀茶糧第一間食茶館落成，緊依偎著九份老街盡頭的觀景台。

　　第一間店選在九份？主要是因為九份是台灣前三名的國際觀光景點，其次是因為遊客沒有太大的淡旺季落差：平日的九份時常有外國觀光客來訪，週末則是滿滿的國內人潮。

　　「從老街入口進去，五十元就能讓你吃飽，我們想，這樣還要開店嗎？前面人家就吃飽了，你要怎麼和他拼？但後來發現便宜的東西不夠精緻，加上我們訴求注重品味的消費者與國際觀光客，他們要看的是質感。因此，我們把九份店營造得很有質感、氛圍很好、環境舒適，可以看海。」林文琇說，後來發現店內很多是年輕人、情侶，海外觀

九份店內的滴管陳設。（吾穀茶糧提供）

以滴管陳列五穀雜糧，巧妙融合五穀雜糧與實驗室所蘊涵之調色盤創新混搭精神。

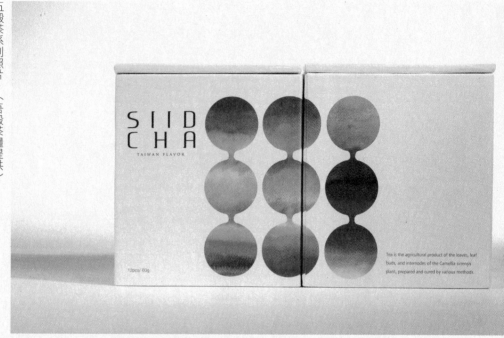

五穀茶系列照片。（吾穀茶糧提供）
九個圓色彩漸層設計有兩個含意：第一個代表九份，第二個是代表九份不同的氣候變化。

光客也相當喜歡。「我們要服務的是不一樣的客群，確實也發展出這樣的市場區隔。」

實際走訪九份，我們發現觀景台周圍出現了一些新的風格茶店，一個特殊的小商圈似乎正在形成。「有人說我們去了之後慢慢把九份質感化了！」林文琇說大家都在看。

林園擅長產品研發、美可特精於品牌設計，但食茶店的經營還需要餐飲服務。多年前的早餐店經驗此時派上用場，但仍需仰

賴專家引領做更進階的提升。

「我們認識一位有許多飯店經歷的主廚，他建議我們根據不同地區的客群規劃區域菜單、用餐空間及出餐流程。我們透過一次次的經驗建立一個有效運作的系統，作為未來展店的基礎。頭腦要想得快、想得多，不斷地發展！把它當作是一個興趣就不覺得累，會很有成就感。」炯炯的眼神、興奮的口吻，眼前這位年已半百的企業家正熱切地描繪著夢想的藍圖。

遊客造訪九份體驗食茶樂趣，一般民眾則可藉由網路訂購或在全省誠品知味專櫃購買產品。林文琰認為和誠品是一種長期的合作關係：誠品提供講座平台，讓吾穀茶糧有機會與更多的民眾溝通交流，進行深度推廣，吾穀茶糧也為誠品同仁進行教育訓練，縮短對產品的陌生感，未來林園計畫跟隨誠品的腳步開設台灣各地的吾穀茶糧食茶館。

除了國內通路的佈局，一心想將精緻食茶文化發揚至全球的吾穀茶糧持續參加政府計畫，積極爭取海內外的參展機會，具備國際水準的新形象官網也正在成形中，希望未來能將吾穀茶糧的品牌精神與產品服務細緻地傳遞給世界各地的消費者。

將心比心，人人都要有看得見未來的夢想。

苗栗南勢總公司的牆上一眼望去，盡是同仁參與培訓課程的

誠品松菸食茶館以原木作為空間基調，維持樸實自然的品牌調性。吧檯設計取材自早期台灣糧商與中藥舖，輔以金屬把手點綴，成為店內最具主題性的設計，也讓簡單樸質中增添了些俐落的工業特質，巧妙融合東西方的美學思維。（吾穀茶糧提供）

心得、流程改良提案單、優良同仁升等獎狀。證照區中有張證書上寫著TTQS（Taiwan Train Quality System，訓練品質評核系統）的字樣，那是針對人員的品管認證。

「你有沒有同仁培訓計畫？規劃讓他受什麼訓練？工作多久拿到證照？未來的出路有沒有安排？有沒有讓同仁完成職涯的夢想？這就是TTQS的精神。2011年我們獲選TTQS銅牌獎。」林文琇深信企業要建立一個公平的環境機制，讓團隊同仁能自願盡心為公司付出。「我一直覺得將心比心，你用這樣的心去對同

仁，同仁他感受得到。」

　　不少同仁都是自學生時代就進入林園實習，表現良好後培訓成為幹部。林文琇說：「進駐育成中心後，學校會找學生來和你配合，學生來先從基層做起。公司計畫每兩年就新開一間食茶店，表現好的就可以從基層、副店長往店長晉升。我們讓同仁看得到未來，讓他們有機會實現夢想。」

　　認證牆的另一頭是滿滿的感謝狀，分別來自苗栗各地中小學及公益團體。林園除了聘請身心障礙人士整理公司花園，也時常捐贈五穀食品給偏遠地區的校童。此外，林文琇對來請益的業者、晚輩更是從不吝分享。

　　「會賺錢、認真工作、思考很多問題，這些都很好，但最後要回饋社會。你幫助過多少人？幫助過多少家庭？這樣成功才有意思，有能力的人創造更多就業機會，幫助更多的人，這才是正循環。」林文琇溫暖的心，讓一路支持他創業的太太相當感動。

眼光放遠，穩健地跨出步伐。

　　數十載的歲月，從一百坪的老舊工廠到一千坪的現代廠房、兩百個產品項目、三十多人的經營團隊與品牌設計夥伴美可特，每個過程都有故事串連：生意好時遇上盟友離開；廠商因經銷權產生爭執時，開啟客製產品多元開發之路；因製造利潤空間受到

壓縮，聯手專業團隊打造自有品牌，轉向服務業。

　　曾有人和林文琇說，開工廠的人跑來開餐廳是不是撈過界？事實證明，只要功課做得夠深、核心技術強、尊重並借助專業，轉型創新沒有領域的限制。

　　目前的林園食品兼具客製化開發、大廠代工與自有品牌。代工幾乎天天滿單，自有品牌的業績也穩定成長，熱銷產品糙米飲品系列月銷上千包。外部大環境衰退的同時，林園平均年年有近兩成的成長。「把關鍵技術弄懂後，一步一步跨出去，量力而為，絕對不要急，不要做超出自己實力太多的事情，對你沒有幫助。」林文琇細細叮嚀年輕人。

　　曾有位客戶想開一間店，希望可以開發外面看不到的產品。林文琇說：「我很喜歡和這樣的客戶合作，他和我說剛開始資金沒有很多，我和他說無所謂，因為我們也是從零開始。我鼓勵他們堅持自己的原則，剛開始一天幾張單都好。我也不是一下子那麼大的，也是從小開始，老闆掃地兼撞鐘，現場工作時還要出來接電話，出貨整帳全都包。」

　　「人生的歷練是要你自己不斷地去體會，書本上也沒有辦法教你，要自己去感受，沒有捷徑，就是一步一步累積。」

獎狀　Certificate of Award

2012文創精品獎　新銳大獎

單位名稱｜林園食品有限公司(吾穀茶糧)
產品名稱｜沖泡禮盒

文化部部長　龍應台　中華民國一〇一年九月

二〇一二年吾穀茶糧獲選文化部文創精品獎，全國僅十家入圍，獲獎廠商將於二〇一三年代表台灣參加在中國舉辦的名品展覽會。同年吾穀茶糧也獲選OTOP企業大賞。（吾穀茶糧提供）

　　交出第一張漂亮的品牌成績單後，雖然經營的挑戰更多，但林園堅定這是長期的發展方向。「代工無法提高利潤，也就無法回饋給同仁，自創品牌的路雖不好走，但一定要走，透過不斷的創新為產品加值，創造更大的利潤空間。」他們也認為眼光不能只侷限在台灣，當產品水準夠高，國際消費者就會讓產品有更高的流動性，這樣一來開發產品才有意思。

問題的核心，往往回歸到人的需求。

　　隨著養生意識的崛起，越來越多人接受健康穀品，然而在這個過度加工的食／時代，卻也需要花更多的力氣作深度的溝通交流。「一定會有消費者將吾穀茶糧的產品價格與連鎖通路的產品

比較，我們不會否認也不會阻擋消費者去嘗試。我們不去說別人的東西不好，但會說明什麼是純的原料？就是加工層次很低、很天然。讓客人自己親身體會，東西的差別一吃就很明顯。」高品質背後總有相對應的成本，為了永續經營，絕對要堅持合理的價格，才能長期提供給消費者更安心的承諾。

　　談到最大的經營挑戰，老爸林文琇認為是自我成長的速度與透視未來的能力：「如何不斷與現有的社會環境作結合，看到未來二十年後社會的樣貌，並未雨綢繆。」兒子林宜達則認為是團隊的即戰力：「因現代人抗壓性、企圖心不如以往，培養隨時能派上用場的人是非常重要的課題。」

　　最後是有如明燈般的啟示：「許多問題核心，往往回歸到人的需求。若有天你能做到凡事都從對方的角度去思考，大概答案就知道了一半。只是大多數人都太執著自己的想法。」總是聽取各方意見的林文琇不斷提醒兒子，想法很新很好，但絕對不能失去人最基本的價值，如誠信、共生。他說人生不是比大小或多少，而是在離開時沒有任何的遺憾，要過得快樂。

　　訪談結束時天已黑，南勢工廠裡大夥仍燈火通明地趕訂單，徐徐的溫火仍持續熬著那樸實又富麗的台灣穀香味。

根據現代遊客需求設計的小缽擂茶。

個案九宮格分析

關鍵夥伴	關鍵活動	價值主張	顧客關係	消費者區隔
聯大育成中心開啟政府資源的大門，美可特以設計專業貼近消費者需求、聯手打造新品牌，誠品則是兩岸市場發展的關鍵實體通路夥伴。	將研發視為一種習慣動作、持續不斷又像呼吸一般自然，與外部設計協力團隊合作、為產品注入靈魂並塑造耳目一新的形體，融合產品與服務等多元管道傳遞給消費者。	謹守健康品質的嚴格標準，為傳統的客家食茶文化穿上新裝，用創新展延出琳琅滿目的產品與服務，更貼近新時代消費者的各種需求。	販售實體產品，提供餐飲服務，透過異業合作持續開發更多元創新的食茶體驗。	穀飲食品吸引東方消費者，兼具品質美感的產品設計吸引注重生活品味的消費者，蘊涵其中的客家元素期盼獲得全球客家人的肯定。

	關鍵資源		通路	
	深耕多年擁有豐富的領域知識與經驗，差異化代工與自有品牌奠定多元穩健的財務基礎，廣結善緣形塑了橫跨產官學界的人脈網絡。		代工產品進入兩百多間的經銷商與大廠連鎖通路，自有產品以誠品與網路通路銷售，並更進一步在自有實體店面的舞台以不同的姿態展現。	

成本結構	收益模式
原物料與人工價格攀升，標準化作業與日益擴大的事業規模降低固定成本，自有品牌引領企業走上價值導向的轉型之路。	大廠生產訂單與客製化研發代工兼具，自有產品揉合服務與通路全方位上市，自有品牌的成長將持續拓展收益管道與空間。

　　吾穀茶糧品牌的創造起因於林園食品以五穀雜糧作為事業核心。在本業「關鍵資源」的基礎上，兩大「關鍵夥伴」聯大育成中心及美可特團隊的先後加入，前者促始林園朝向自有品牌轉型，後者則參與了「價值主張」的形塑過程。

　　吾穀茶糧的品牌定位促使其發展出新的「關鍵活動」。除了原先內部的穀類研磨產品，更與跨域廠商合作開發茶、點心等不同形態的產品類

型，並一口氣從製造業延伸至服務業，同時確立了自有店面與外部廠商並進的「通路」形態。自有品牌與過往代工不同的「成本結構」及「收益模式」因而形成。「消費者區隔」在制定價值主張時大致成形，經過一段時間的營運加以證實。從製造業轉向服務業，讓「顧客關係」的建立圍繞在好的消費體驗上。

由於吾穀茶糧為林園食品的自創品牌，因此在「成本結構」及「收益模式」上，可用另一層的角度去觀察：代工與自有品牌並行的發展方式，讓林園食品在「成本結構」能藉由標準化作業及生產規模降低成本，透過品牌提升利潤空間；在「收益模式」方面得以擴充營收來源，結合通路後，日後在獲利模式上勢必將有更大的發展空間。

經營關鍵要素

1. 好的品牌定位，不但能深化產品靈魂，更能讓品牌在更寬廣的舞台翩翩起舞。
2. 為對方多想一點，往往就會容易找到解決答案。
3. 企業要走得長久務必鍛鍊出連大廠都無法競爭、不可取代的核心技術。

關鍵步驟檢視

適用參考對象：製造業轉型欲開發自有品牌之創業家。

Step1：請教領域專家，聯手合作找出合適的品牌定位。
Step2：在品牌定位的基礎上持續創新，接軌更大的市場需求。
Step3：與外部廠商合作，跨域延伸產品品項，為品牌創造更多可能。
Step4：逐步建立自有通路，完整串聯產品販售與服務體驗。
Step5：建立核心模式，擅用連鎖的複製力量邁向新市場。

老靈魂
新面孔

「大呷麵本家」，麵食的傳產創新。

大呷麵本家出品的麵食。（大呷麵本家提供）

在台灣中部沿海的大甲小鎮，
有群默默付出心力的製麵達人，
秉持純熟精湛的製麵技術及不斷研究開發新產品的精神，
將麵粉的特性發揮得淋漓盡致，賦予麵條十足的Q度口感，
嚴格控管生產的每根麵條，為台灣麵食寫下七十年的歷史，
我們叫它——大呷麵本家。

品牌名稱	大呷麵本家 Noodles Origin
創立年	2006年
創辦人	劉世欣
商品 / 服務	麵食
品牌精神	以堅守「高品質」、「健康美食」、「地方特色」的精神，希望將麵食文化與地方產業做完美結合，打造一個創意麵食的文化產業。

仔細呵護每一份麵條，傳遞職人心意。

　　位於台灣中部，有塊肥沃的海線土地，由大甲溪與大安溪兩河守護著，它因鎮瀾宮媽祖、奶油酥餅、芋頭酥與藺草草帽而聞名，這塊土地被稱呼為「大甲」。每年三月因台灣媽祖文化節而熱鬧沸騰的大甲，湧入大量虔誠的香客，大家紛紛採買當地有名的土產當做伴手禮。但，大家還不太知道的是，大甲還出產麵食精品，從都市的一級超市戰場，紅回家鄉！

　　大甲這群製麵達人，採用天然嚴選的小麥製作出各式各樣的麵條，麵條的Q度口感與香醇美味，一點不輸日本製麵達人。如

今透過一位文化人的創意，成功地將品牌重新改造，賦予大甲麵新生命，也為大甲特產增添一份新記憶。

　　劉世欣的父親劉聰明，在大甲做麵至今已七十年，若以一個公務人員二十五年工作年資來算的話，他已經退休了兩次。從小劉世欣總是聽爸爸這麼說，「做麵很簡單，就是麵粉、鹽巴、水。」但嚐過文武百麵，才發現父親的手藝一點也不簡單。劉聰明十三歲國小畢業後，就當學徒投入製麵工作，不到二十五歲就當上製麵最高榮耀「頭手」位置，累積七十年的製麵技術，卻只能以代工其他麵食品牌維生。

因此，劉世欣產生了將自己父親花了超過七十年作為製麵達人的歲月，與大甲地區的文化作結合的理念，靠著靈活的行銷活動及長年在文化界累積的人脈，他用二十萬元創業，創造了「大呷麵本家」。

　　從產品包裝開始，借鏡日本的包裝工藝，訴求要讓消費者覺得麵是有品牌、有來源保證的。因此，大呷麵本家的麵條，並非赤裸裸地呈現，而是保留古早味的紙捲包裝方法，仔細地呵護每一份麵條，傳遞大呷麵本家用手工細心認真地揉桿出來的職人心意，為麵條穿上了文化。

跨界學習，從貿易到博物館的產業經營藝術。

　　劉世欣在求學階段修習美學藝術，因此，對他來說，執起揮毫國畫的毛筆就像吃飯拿筷子一般地輕鬆自然，美感底蘊渾然天成。然而他畢業後，居然是一頭栽入了國際貿易，而這一栽便是九年。之後又在磨練成一個精明的商業生意人之際，投入博物館的懷抱，擁抱八年袖珍器物之美。離鄉背井近二十年，嚐過人生千百種滋味，驀然回首，才體會父親七十年製麵的真功夫。

　　從事國際貿易的劉世欣，投入的產業偏向家居生活用品，時常需要前往歐洲、美洲等世界各地參展。九〇年代的歐洲，生活即是創作，充滿了文化與美感的氛圍，生活中使用的每個東西都是藝術品。劉世欣回憶起當時與義大利品牌的合作細節，對方是

一個塑膠射出製造的生活用品工廠，然而每個細節都透露出義大利人的講究，一個生活用水罐都要做得很唯美，對亞洲人來說，會覺得這樣做很費力。

相對於一般的生意人，劉世欣透過藝術創作的獨特角度與眼光去進行實務與業務的推廣經營，他觀察到歐洲的生活與文化，也體認了歐洲文化水平強盛的原因。

從國際貿易跨界到本行的袖珍博物館，深入瞭解文化創意產業的經營，才明白文化家或藝術家雖具備專業領域的理論與涵養，卻缺乏商業模式的經營概念 。劉世欣十分清楚，產業要延續下去必須懂得經營，博物館的訴求雖非營利，卻也需要能夠順利營運、永續發展。

在經營袖珍博物館時，劉世欣發現台灣有將近六百個單位的文化展館，這個數量令他相當吃驚。「沒想到台灣文化產業蘊藏著如此多的寶藏，但民眾卻不知道有這麼多的文化展館。」

為了讓袖珍博物館能永續經營，劉世欣思考，文化創意產業需要加入更多的創意與建立起獨特性，來達成一般人所說的市場區隔：「我常覺得，頭很小不要戴很大的帽子，這是牽扯到實務經營的部分。文化產業因為珍貴性，不可能無限大，因為特色在小，小而美、小而獨特。」

因此，劉世欣的經營目標並非創造百萬人次來參觀，而是以袖珍博物館的規模，訴求差異化特色，但求一年十萬人入館即可。那麼，若說台灣有兩千三百萬人口，就可以經營兩百三十年，產業是可以延續很久的。憑著這樣的經營邏輯，相比於許多博物館慘澹經營，袖珍博物館卻年年交出漂亮的營收數字。

褪下筆挺西裝，
從文化底蘊和傳統精神中打造頂級麵品。

2006年的冬天，劉世欣三十九歲，正逢家家團圓的除夕夜，按例往年用完年夜飯就回博物館上班。這天，看著鬢角斑白的父母親，與初出生的嬰孩，在這樣本該團聚卻無法陪家人的時刻，劉世欣想著，是否該多留些時間給家人？

為了多留在家人身邊，他思忖，既然父親從小做麵，為何不將這份手藝與美味傳達給所有人知道，將麵食這樣看似平凡卻不簡單，渺小卻又貼近人群的東西，藉由地方生活文化的底蘊傳遞出去。也基於過去博物館經營的經驗，劉世欣堅定認為，只要有好的品質、創意的行銷，做麵也能做出LV的質感與價格。

2006年，劉世欣辭去袖珍博物館副館長一職，向家人放風聲說要「賣麵」，換來家中老小異口同聲：「幹嘛賣麵！」他可以理解家人的困惑，畢竟麵是很不起眼的東西。加上糧食政策轉變，2002年台灣加入WTO後，開放麵粉進口，同時隨著機器設

備自動化一貫作業的效率，傳統麵食直接落入了削價競爭的局面。

　　但劉世欣認為，賣麵不該只是賣麵。以往代工產品的價格很低、口味也單調，這都不是他想走的路：「台灣的製麵業者眾多，但都沒有好好正視品牌。」累積過去國際貿易與博物館產業經驗的劉世欣明白，想為品牌加分，唯有產業與文化結合，才能創造產業價值。

傳產創新，食物裡的風土與人情之味。

　　在品牌初創期時，劉世欣遇到了難題：「有人跟我說，這東西跟你爺爺當初做的東西都一樣，一點長進也沒有，包裝好沒什麼了不起！」品牌推出半年，大呷麵本家雖美味，但是產品沒有創新更無知名度，讓劉世欣覺得很挫敗。

　　於是，劉世欣下定決心，研發大呷麵本家自創之產品與口味。

　　最初研發產品時，大呷麵本家使用了少量的色素來作研發，每次做新產品都會留下一兩箱。過了一陣子，劉世欣發現，所有原味的產品全部長蟲被吃光，但其他加了色素的麵條卻完好如初。於是，大呷麵本家開始堅持，要做天然健康的良心食品，不再添加任何色素。

　　大呷麵本家抱持著從根本提升生活品質的初衷，於過去傳統上力求創新，在時代傳承裡體會需求，在地方文化中加上質感，讓麵條不再只是麵條。大呷麵本家將製作了七十年的麵條，搖身一變成為附加營養價值極高的健康食品，選用許多頂級的精選材料，如日本進貢皇室的靜岡綠茶、大甲本地的冠軍芋頭、南投霧社的冠軍烏龍茶等，將這些嚴選的天然食材加入麵條中，推出一系列綠茶、糙米、芋頭、烏龍茶等天然無添加物的健康麵條，更將產品送SGS檢驗，訴求不含防腐劑、無添加人工色素的健康美食。

　　因為當時國人收禮的習性，有百分之九十九的人都會選擇水果、洋酒、罐頭、茶去送禮，沒人選過麵食。可是慢慢地，國人越來越重視米、水果茶、麵食、餅等在地的飲食，於是開始有了百分之一的市場。大呷麵本家便鎖定這樣的族群，運用金色牡丹的視覺印象打造第一代的產品，營造富貴的禮品質感。

　　大呷麵本家接著推出第二代的產品：大呷四味。其中口味包含大甲地產的芋頭和糙米。舉芋頭麵的研發來說，大呷麵本家堅持不用香精與色素，因此嚴格選用價格高昂的大甲芋頭。因為食

材可貴，所以研發初期特別珍惜材料，將芋頭去皮剁碎後直接和入麵粉裡面，最後研發卻失敗了。

　　透過實驗過程不斷修正，發現芋頭的特性需要經過冷凍乾燥的加工工序，讓其變成芋頭粉後，才能添加到麵粉裡面。因此，一百公斤的生芋頭，切成丁冷凍再乾燥做成芋頭粉，最後只剩下六十公斤。即使這樣的過程工繁價高，在地食材卻能保存，而這樣的堅持，大呷麵本家也持續拓展到其他食材。

　　想深耕土地的大呷麵本家，除了取材原鄉，外盒包裝更使用了大甲的藺草意象，營造藺草編織凹凸的觸感，期望讓產品不只是產品，更能讓消費者瞭解原鄉在地的文化故事，並進而對地方產生欣賞。

　　不斷在風土文化上琢磨，更追求突破創新的大呷麵本家，未來第三代的產品，計畫使用金屬長罐封裝，金屬工廠說：「一般金屬罐都是密封茶葉或餅乾的，你們是我第一個碰到要用金屬罐放麵條的。」

　　品牌發展已七年多，目前看來，大呷麵本家雖然平均三年推出新產品，但是骨子裡追求的是日本達人的工藝精神：「日本有一間麵店經營了一千三百年，一個產品卻花了幾百年醞釀。」百年技藝與記憶，是大呷麵本家想深入下功夫以及長遠發展品牌的

野心。

從城市打入鄉村，將麵食文化帶入生活。

　　劉世欣為大呷麵本家設立了三個三年里程碑：第一個三年創造品牌，建立產品線；第二個三年成立大甲旗艦店，接受媒體的宣傳與採訪，推廣行銷鋪建通路；第三個三年計畫設立觀光工廠，將麵食文化帶入生活，深入地方觀光文化創意產業。

　　大呷麵本家以從城市打入鄉村的策略，先讓消費者習慣大呷麵本家這個品牌，成功地將大呷麵本家推銷給台北人後，再回到台中大甲開出第一家直營店，希望「大呷麵本家」的麵，也可以像大甲媽、大甲草席及奶油酥餅一樣，成為大甲重要特產，豐富大甲的文化內涵。所以自創辦以來六年多，大呷麵本家都在努力進行廣告行銷，實質的獲益即是品牌的價值。

　　劉世欣將這樣的品牌塑造，視為文化創意產業的一環，而且要抓住觀光產業帶來的銷售商機。因此，大呷麵本家努力的方向，即是地方觀光的文化創意產業，也是台灣未來產業的根基，劉世欣認為，唯有將地方產業與麵食文化結合，才能將品牌價值內涵更加深化，進一步感動大呷麵本家的消費者，同時更能帶動地方產業鏈。

　　大呷麵本家擁有家族的工廠背景支撐，品牌卻是獨立於家族

大呷麵本家使用紙捲包裝，想保留傳統與傳達珍惜麵食的心意。

工廠外來運作，尋找創新的可能性。目前大呷麵本家團隊共有六人，在大甲旗艦店的同仁負責處理研發、包裝、出貨等業務，並努力找出好原料，再請家族的工廠幫忙生產；台北辦公室有三位同仁，著力於品牌、行銷的推廣。

大呷麵本家的第一個貴人是于美人，她鼓勵用心的地方產業，決定幫大呷麵本家製作一集電視節目。沒想到，反應冷淡不如預期，第一集播映後，兩箱一組兩千多元的產品，只販售了十五組，連電視製作團隊都感到很不好意思。於是，熱心的于美

人決定再安排大呷麵本家一個節目，沒想到這次的節目反應非常好，熱賣了五、六千箱。從第二次節目播出後，持續發酵約半年的時間，大呷麵本家打開了知名度。

漸漸地，實體通路、百貨公司都開始找上門來，大呷麵本家堅持做好的食品，也逐漸讓人知曉。

國際與在地化兼具的原生能量，真滋味的共好促成。

大呷麵本家有一款麵，讓消費者在享受滑嫩麵條的同時，亦能品茗茶的清香，此即「養生抹茶麵」。

抹茶在日本被視為是很珍貴的上品綠茶，有「抹茶碧玉」之稱，是形容「其色如碧、珍貴如玉」。而位於富士山下的滿寿多園，更是靜岡茶的首選，滿寿多園的增田社長來台尋找各個產業的合作對象時，大呷麵本家自1934年製麵至今傳承了七十餘年的特質，完全與靜岡抹茶的文化性質吻合，在機緣之下便促成了合作。

大呷麵本家使用的茶來自日本靜岡皇室御用滿寿多園，採「深蒸」製作，必須比普通茶多花兩倍以上的時間處理，才得以完整保留茶中的珍貴養分，因此，製造出來的養生抹茶麵，除能完整吸收抹茶精華，麵條更呈現天然樸實的翠綠色，不只口感沁香，在飲食視覺饗宴上也充滿和風禪意。

不只麵本身，大呷麵本家更想傳遞麵食的生活文化，與麵食相關的所有精緻食材。所以，除了往日本尋求共好合作，大呷麵本家還尋找台灣在地策略夥伴，像是苗栗三灣茶葉籽釀造的「玉露茶油」、清水的「鄭記油蔥酥」、桃園的「特級XO醬」，甚至計畫與木柵的鐵觀音製茶達人合作推出鐵觀音茶麵，大呷麵本家期望能促成產業的鏈結，從台灣頭至台灣尾尋找合作夥伴，一起將台灣的真滋味串連起來。

在地潮流興起，麵食LV嶄露頭角。

大呷麵本家將產品定位於中高價位，捨棄一般傳統零售通路，直接在百貨公司超市及有機食品店上架銷售。在M型消費趨勢下，很快就一砲而紅，業績表現高於預期。

無論是Jason Market、新光三越或是SOGO百貨，在百貨公司的超市麵食區裡，通常一眼即可望見大呷麵本家的產品，這是品牌發展時，創辦人刻意的巧思。當初，在麵食產品眾多的市場中，大呷麵本家要打入百貨業通路，百貨業者即對其進駐需求提出疑問，而大呷麵本家在一次的春節檔期中證明了自身的品牌價值。

當時新光三越希望大呷麵本家的禮盒能上春節期間的商品型錄，因為新光三越的產品有七成是進口商品，業者想漸漸地降低進口的比例，提高台灣各縣市具原創特色的產品，因此將在地產

大呷麵本家的紙捲包裝，在通路架上一躍而出。

品的比例增加到四成。

　　大呷麵本家找到機會，用自身優質的產品品質，與令人一眼即可辨識的產品包裝，逐漸在百貨通路嶄露頭角，最後賣出好口碑，其他百貨通路業者紛紛找上門來；接著，也進駐了誠品知味、HOLA特力和樂等販賣生活風格與品味的通路品牌。

　　大呷麵本家走到現在七年多，主要的市場有八成都在台北，劉世欣回首過去點滴，認為創業辛苦的地方，不是創辦資金的問

題，而是能不能找到理念相同的團隊夥伴。

深耕在地文化，讓世界看見台灣。

　　品牌創辦到現在，上海、美國、香港也已有大呷麵本家的代理商了。至於中國，劉世欣持續觀察，瞭解到區域的經濟與文化跟所在範圍的大小有關係，以大呷麵本家想要深耕在地品牌，以小致勝的宗旨來說，中國不會是大呷麵本家目前的主要市場。

　　大呷麵本家決定扎根台灣，以璀璨身姿綻放品牌價值，自然會有人看見。劉世欣認為，與其投入五千萬在中國市場，不如花五百萬在台灣深耕自己文化的品牌，厚植內涵自然有伯樂識見。果然，北京有一老闆在信義誠品看到大呷麵本家，回北京以後就交代在台灣的採購經理前來拜訪，欲把大呷麵本家引進北京。

　　「熱情絕對是創業絕不可少的因素。」劉世欣創立品牌至今，現在講起麵來，還是相當有熱情。

　　回顧創業以來的歷程，他感觸地說：「擁有抱負、理想與熱情是必備的，但理想跟現實要平衡，現實上的經營需要非常理性客觀地去看待。」他認為台灣人的創意思考與迅速彈性因應的特性，能創造高價值，但同時也要務實來看待經營的實際作業，且懂得如何行銷自己。他建議年輕人，要懂得運用時間來換取空間，保有自身品牌的價值與品質，在過程中累積能量及資源，並

持續保持熱情與往前衝的動力，就如同劉世欣本人，持續推展父親的製麵達人技藝與麵食文化記憶的品牌經營中，文質彬彬的微笑外表下，雙眼仍舊炯炯發亮著。

個案九宮格分析

關鍵夥伴	關鍵活動	價值主張	顧客關係	消費者區隔
尋找台灣在地飲食策略夥伴進行麵食文化之異業合作，串起地方文化產業鏈。	以拓展百貨超市通路，參加美食展與媒體曝光，增加知名度，以及積極打造異業合作產品為主要之關鍵活動。	以堅守「高品質」、「健康美食」、「地方特色」的精神努力推廣，希望將麵食文化與地方產業做完美結合，打造一個創意麵食的文化產業。	以產品包裝直接對消費者訴說品牌價值。	大呷麵本家的消費者是有送禮需求並喜好在地精緻食材的一群人，與百貨公司超市的高端消費者有部分重疊。
	關鍵資源 家族的製麵工廠，與劉世欣自身的品牌管理能力，這兩者為大呷麵本家商業模式的關鍵資源。		**通路** 內部以自營與網路銷售並進，外部與百貨超市通路合作。	

成本結構	收益模式
目前以逐步增加產品項目邁向範疇經濟。	定價高於市售價格，以產品銷售為主要營收來源，異業合作將擴增整體獲益，除現場付費外，網路衍生之交易行為亦為收益管道。

　　欲突破傳統麵食代工的模式，同時將麵食文化結合地方產業，大呷麵本家從這樣的「價值主張」出發，奠基家族背景的製麵工廠以及創業者自身累積的品牌管理能力兩大「關鍵資源」，為麵食傳產創造了新時代的價值。

　　大呷麵本家以創新的產品包裝傳達品牌理念，對消費者進行「顧客關係」溝通，並鎖定有送禮需求並喜好在地精緻食材的「消費者區隔」，結合有相同高端消費者族群的百貨公司等「通路」，並以「關鍵活動」支撐，定期參加美食展與媒體曝光，從城市打入鄉村的策略，一步一步建立品牌知名度。

　　大呷麵本家為實現「價值主張」，持續尋找台灣在地策略夥伴，進行

麵食文化之異業合作，串起地方文化產業鏈。大呷麵本家也持續在「關鍵活動」的模式上逐步增加產品項目，並以此轉型邁向範疇經濟的「成本結構」。未來將持續進行異業合作，拓展整體獲益、擴充「收益模式」，持續深耕品牌。

經營關鍵要素

1. 不只從現代消費者的需求進行產品包裝創新，更從產品本質上進行革新，藉由跨界合作，創造令人耳目一新的新產品。
2. 以「從城市打入鄉村」的策略，先讓都市消費者習慣品牌，藉此建立品牌知名度後，再回到發源地深耕品牌。
3. 理想跟現實要平衡，需要理性客觀地經營現實，且要善用所握有資源，不管是資產或人脈去行銷自己，在經營品牌的過程中累積能量及資源，持續保持熱情與往前衝的動力。

關鍵步驟檢視

適用參考對象：製造業轉型欲開發自有品牌之創業家。

Step1： 盤整自身經歷與能力，奠基於傳統產業資源之上，尋找創新機會點切入。

Step2： 進行產品／服務的包裝變革與原料創新，將傳統產品／服務轉化成符合目標消費者需求之現代語彙。

Step3： 切合產品／服務之品牌定位，選擇都市之百貨通路，並從都市打回鄉村將產品／服務帶入庶民生活。

Step4： 洽談異業合作，打造品牌周邊之相關產品／服務，藉由串起地方產業鏈之異業共好來讓產業茁壯成長。

Step5： 計畫展現產品／服務創造之體驗過程，讓消費者除了購買產品／服務，還能藉由體驗對於品牌產生文化層面的瞭解與情感。

子題四：

保留與延續
向土地與辛勤工作的人們致敬

台東無所有，
聊寄一枝春

「春一枝商行」，
傳遞台灣美好。

春一枝位於台東的據點與工廠，鹿野。（春一枝提供）

春一枝商行，
一個為解決台灣農民經濟就業問題而成立的友善交易品牌。
當你購買春一枝商行的冰棒，
不但吃進的是對身體健康的祝福，
也購買了一份送給農民的希望。

品牌名稱	春一枝商行
創立年	2007年
創辦人	李銘煌
商品／服務	冰棒、台東鹿野蜜香、洛神花茶、仙楂美人菓、蜂蜜醋
品牌精神	「良心、用心、開心」：「良心」，所有的東西都當成做給自己的家人一般；「用心」，將新鮮的味道留住；「開心」，用友善交易的方式讓生產和消費都變成快樂的事。

認清初衷，才能堅持下去。

　　「我都跟年輕人開玩笑，如果你想賺大錢，最好不要進來碰農業，因為農業是靠天吃飯，所以一定要有健全的心態，思考清楚投入農業的初衷是什麼，才能堅持下去。」春一枝創辦人李銘煌說。

　　珍惜台灣這塊土地的企業家李銘煌，長期旅行台東十多年，熱愛台東的他，最後居然就在鹿野高台買了一棟本是製茶工廠的

春一枝創辦人（左）李銘煌與鳳梨果農。（春一枝提供）

別墅。「其實看到那座工廠我是竊喜的,對一般人來說它太大了,但是因為我要放很多東西,所以實在覺得很合用。」獨木舟、撞球台、沙灘摩托車、高爾夫球車,李銘煌通通都放進去。

驀然回首,或許老天爺早就安排好了。現在,別墅裡的籃球架已撤下,搖身一變,度假別墅成了春一枝的冰棒工廠。

茶葉、鳳梨、釋迦,被遺落的農產禮讚。

種茶與製茶是鹿野高台的在地產業,WTO開放後,海拔僅四百公尺的鹿野高台,在價格上的競爭很快地敗陣下來,許多在地人開始處於長期失業的狀態。李銘煌在台東的鄰居徐敏貴,就是一位失業的製茶師。

李銘煌經常在台東家門口收到農民給的水果,有鳳梨、也有釋迦。農民說,這些都是過熟的水果,如果不趕緊吃就只能丟掉。李銘煌感到很驚訝,這麼好吃的水果,怎麼會就這樣丟掉?

這才發現,水果過熟被丟棄,在台東是很普遍的問題,儘管每顆水果都是農民細心呵護、套裝包袋照料長大。採收時,若有已經過熟的果子,農民只能趕緊開發財車到路上等待遊客採買。不僅如此,運銷不便的台東,除了採收的成熟問題,賣相不好的水果也離不開台東。就這樣,這些賣不出去的水果,堆在農園旁邊任其腐爛,這景象令李銘煌感到震撼。

　　旅行時，總能因「經過」而發現「經典」。本是旅人的李銘煌，深入瞭解台東人力的失業狀況以及水果的滯銷問題後，中小企業主的靈活腦袋，忍不住出手幫忙，出了點子：不如來做冰棒吧！

從水果到冰棒，就在企業思維啟動的下一秒鐘開始。

　　當初為解決台東水果與人力的問題，憑著企業主的敏感度，一股腦兒地就做了冰棒。後來也發現，冰棒其實是非常親民的食品，可以在博物館、企業公司裡看見它，也可以在羊肉麵店、臭豆腐店看見它。大家人手一枝冰棒，歡樂自然蔓延開來。

　　李銘煌刻意地要讓所創造的冰棒用到很多的水果、很多的人工，所有的設計皆是考量能否幫助更多的在地人。從初衷出發，春一枝並不想去改變市場的運作機制，仍鼓勵農民透過盤商販售水果，只專注在農民無法處理的過熟水果，讓本來會歸零的東西，變成有價值，維持農民的收入。

　　處理台東水果過熟的問題，是李銘煌的最大動機，因此不以契作只跟特定農民合作的方式，而是以「友善交易」幫助到更多的農民。哪裡水果過熟，就往哪裡收購。

　　簡單的出發點從台東鹿野高台這個村落區域開始，漸漸地，銷售狀況好一點，收購水果的範圍也就擴大一點，現在太麻里、

知本、卑南也都是可以照顧到的區域，踏實地一步一步，照顧更多的農民，也照顧了更多的家庭。

「進來做以後才發現，原來『冰棒』這兩個字那麼不值錢，國外的冰淇淋，它就值八十塊，你講冰棒連三十塊客人也會和你爭到面紅耳赤！」

依據過往的生活經驗，會有國外的東西就理應比較貴的感覺，但其中的價值往往被價格所矇混掉了，若消費者沒有這樣的警覺性，就會落入了這樣的思維。而李銘煌身處在較弱勢的這方，才發現要告訴消費者冰棒三十元很困難，進口冰淇淋八十元卻很輕鬆。

「我做了一年之後決定要用不同的角度看這事情，我要革命，讓台灣人對自己的產品有重新的認識。」中小企業主的智慧若能投入在各個產業，將是台灣最有助益的進步動能，而春一枝創造了一個典範。

台東有工廠嗎？一場艱辛困難的革命實踐。

當時，李銘煌憑著過去中小企業家的敏感度與經驗，提出了可行的建議，但當地人卻完全無法執行。

以資金來說，在台北，大家積蓄湊湊幾十萬就有了，但農民

沒辦法。農民只要有一年產物歉收，收入就受影響，豐收則價賤，手上往往沒什麼現金，所以永遠都處在最弱勢的環境。因此，李銘煌決定讓出自己的空間，並且買一套基本設備讓當地人執行製作。

食品業門外漢的李銘煌，一開始跟徐敏貴兩個人先試吃了五斤、十斤的水果，確認水果品質後，請農民送貨過來。結果，農民一送就是五百斤，只好發動左鄰右舍一起來幫忙處理，不然快熟爛的水果，可是不等人的。

留在台東設工廠，只有兩個原因：第一，因為你很笨，第二，可能別有用意，否則沒人會這麼做。從創業的一開始，台北一個小冰箱、台東一個小冰箱，發展到現在有五個大型的冷凍櫃，是最初料想不到的光景。

台東因為沒有工業，所以資源、機械設備都是沒有維修支援周邊服務的。「這個地方，一個馬達壞掉是找不到廠商修理的，都需要從台北運送過來，而廠商也不見得願意運送，這都是當初無法想像的困難。也曾經動念把工廠遷回台北，但一遷走，他們就沒有工作了，我常因機器壞掉而感到氣炸，因為你無能為力。」

二〇一二年於「好家在台灣」的春一枝行動店鋪。

一枝一枝地賣，用冰棒感動一個個消費者。

冰棒做好了。一開始，李銘煌建議徐敏貴駕駛發財車，去台東的觀光景點賣，這才發現，養成香甜多汁的水果對農民來說很簡單，但把它銷售出去這件事情，對農民來說卻很難。看著愁眉的徐敏貴，不忍心的李銘煌決定親手操作，從Costco買了一個掀蓋式小冰櫃，就這樣開始了銷售冰棒的起點。

「我們一開始找248市集，週末就把冰櫃運過去，然後我跟我太太、小孩全部站在那裡開始賣冰棒，就是以最低的費用去做這件事情，一枝一枝地賣。」透過248市集，踏實地用冰棒感動一個個的消費者。

為了將台東甜美的水果冰棒賣出去，所有的市集，李銘煌能參與就參與。將冰箱的防熱隔熱做好，不管是林口或是新竹，載滿冰棒的車從台北驅往各地，將冰棒卸下車來，沒賣完的再載回來。

通常，消費者看見李銘煌的冰棒一枝新台幣三十元，常常會質疑，為何比一般的冰棒要價更高，因此認為冰棒生意是暴利。

機械生產製造出身的他，沒有行銷與廣告的專業手法，而是用土法煉鋼的方法，選擇站到第一線去接觸消費者，讓消費者透過親口體驗一枝三十元的冰棒，去決定是否值得購買：「每次都

是從質疑開始，然後確定東西是好的，接著造成搶購。」

　　有次在新竹，建商為住戶舉辦草地樂活節，李銘煌當然也去了。距上次來擺攤，已經過了一年，這次，攤位一放下來，人群立刻圍過來：「住戶說我們等你們等一年了，然後袋子拿出來開始包。」李銘煌感到莫大的成就感，消費者的反應給了往前的動力。

　　為了冰棒奔波出走，小冰櫃整箱賣完也差不多就兩萬塊，而且不一定每次都售罄，過程相當辛苦，李銘煌卻依舊興趣盎然。

　　這麼辛苦，為什麼還要撐下去？「為了面子啦！」李銘煌爽朗地說。

　　過去經營工廠的態度，客戶丟問題來，要想辦法解決，一直試到可以為止，面對冰棒，對李銘煌來說，已經不是帶來多少利潤，而是能不能解決問題。最初想放棄的李銘煌，用不認輸的心態撐了下來。

悉心釀造一水、一糖、一水果的真滋味。

　　堅持只用水果、煮沸過的過濾水與砂糖這三種原料製成的冰棒，為尋求農民收入與市場接受度的平衡，因此以新台幣三十元來為產品訂價。春一枝跟農民收購的價錢，以當日的收盤價為

準，希望用合理的價格，讓過熟的水果仍舊保有市場價值，以互信的態度跟農民合作，並與市場溝通。

對春一枝來說，對比一般冰棒的十五元，定價三十元已是個挑戰；品牌成立四年，越來越多消費者明白春一枝的價格與價值，漸漸地，春一枝也有能力收購較高價格的水果，進而創造出四十元、五十元價格的季節性產品。

考量市場接受度與開創春一枝的初衷，產品的開發，李銘煌主張「顏色要討喜，口感香氣要足夠，並要能解決農民的問題。」有次，釋迦缺貨，全系列產品只有三種，「想說白對白，就補做檸檬吧。」釋迦來了要把檸檬退下，消費者卻已愛上檸檬口味，只好保留下來。另一次，洛神缺貨，找脆梅補，洛神來了要把脆梅退下，消費者又愛上脆梅口味。

春一枝不為變化口味而去開創新的產品，後來的桑椹、紅心芭樂口味，都是為了農民生產的問題才開發，最終都要回歸能解決土地問題的初衷。

因為新口味補了不能退，產品勢必越來越多，為了控制種類數量，春一枝就讓高單價的產品變成是季節性的，如芒果。芒果的收購量原本就不能保證，因此每年可以產出的冰棒數量就很有限。

春一枝冰棒。（春一枝提供）

　　水果是風土養成的產物，這是它獨特又迷人的地方，因此，對看天吃飯的春一枝來說，缺貨是常態，一下釋迦缺貨，一下洛神缺貨。「但是沒有一個商人願意這樣做，我是不太正常的商人，我的看法依舊是面子重於裡子，不能因為要利潤而把不該加的東西加進去，就算少賺也要堅持。」

　　水果最好吃的時候，是它正熟透的時刻，尤其在樹上成熟，最是香甜好吃。這是農產品迷人也最為難的地方：你必須等待，時間到了手腳要快。春一枝秉持著做給家人享用食物的高標準，

必得等到水果最完美熟透時再迅速處理，不然水果就毫不留情地轉瞬熟爛。

這樣的作法在水果加工的生產上更是困難，有別於市場上芒果冰與芒果醬人工添加物標榜的一致化，春一枝忠實呈現每年芒果吸收日月風華所反應的酸甜變化，讓消費者隨著季節更迭，品嚐大地賞賜最真切的滋味。

主婦之心，品牌深植良心。

台灣主婦聯盟生活消費合作社曾經向春一枝分享過，他們認為信任一個人是更重要的，所以選擇商品的時候，主婦聯盟重視的是主事者為誰，而非品牌。

春一枝真正步上軌道的一步，即是在創立第二年，主婦聯盟向春一枝下單四萬枝冰棒。

這對當時的春一枝來說，一則以喜，一則以驚。喜的是，主婦聯盟擁有自己的檢驗室與檢驗師，檢核標準嚴格，間接地驗證了春一枝的冰棒安全禁得起考驗。然而，對比一般製冰工廠一天就可以製完的產能，春一枝一天只能製出一千枝冰棒，距離中秋節只剩下兩個禮拜的時間，四萬枝冰棒簡直是不可能的任務。最後，在不斷地協調之後，雙方同意先在中秋節交出兩萬枝冰棒，後續則中秋節後交貨。

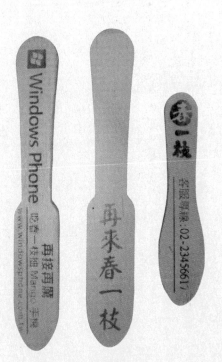

春一枝為商品負起責任的小細節。（春一枝提供）

　　另外，春一枝希望把所有的成本都投入在消費者享用的冰棒本身，而非產品的包裝上。所以創立早期，春一枝只用透明袋子套住冰棒，讓消費者對於買到的產品能一目瞭然，而為了對自己的產品做負責保證，在冰棒棍上烙印品牌名稱與連絡電話，如果消費者有什麼需要，可以找得到春一枝。

　　後來，春一枝發現消費者購買冰棒後，放入自家冰箱保存，魚味、肉味、海鮮味，不只干擾冰棒本身的滋味，還會產生後續無法掌控的問題。從做中學，春一枝決定封口冰棒。有別於市面上的冰棒包裝，看不見產品內容，春一枝保留了透明包裝，讓消費者一眼即可望見繽紛可口的冰棒。

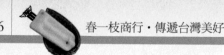

此外，因擔心外包裝上的印刷漆掉落讓消費者誤食，即使印刷廠保證漆為食品級，市面上皆以此為用，春一枝還是決定冰棒包裝再多加一層透明包膜，讓印刷漆夾在兩層透明膜之間。雖說不願在產品包裝的花俏上琢磨，但針對消費者的飲食安全，春一枝很用心。

冰棒，因文化而有了靈魂。

春一枝第一次推出企業禮盒，是因為鶯歌陶瓷博物館以冰棒禮盒作為中秋節贈禮。鶯歌陶瓷博物館館長在中秋送禮後收到很多回應，不管是縣政府的官員，或是各地的企業家，紛紛問起這是哪裡的冰棒，居然如此順口好吃。於是，順著這樣的好反應與好品質，春一枝因緣際會入駐了鶯歌陶瓷博物館，並進一步與陶瓷藝術連結，於是，只在鶯歌陶瓷博物館才買得到的春一枝陶瓷冰棒應運而生。

這樣的契機，開啟了一連串文化性的合作。

林家花園的窗花書籤冰棒棍、中正紀念堂的建築物冰棒棍、台南孔廟的ALL PASS書籤冰棒棍等，這些極少販賣飲食品的博物館與古蹟地點，都主動找上門來。當時，廣告與文宣都不做的春一枝，憑著把品質做到最好的努力，價值與口碑逐漸地蔓延開來。

曾經，外國人熱切地拿著林家花園的窗花書籤冰棒說：「這是林家花園裡面的那隻蝴蝶，也是台灣的釋迦水果做成的冰棒。我要把這隻書籤冰棒棍帶回去，代表我吃過台灣的水果。」

透過水果，春一枝用冰棒串起了台灣文化；透過文化，春一枝用情感啟動了台灣的軟實力；透過軟實力，春一枝讓國際自然地認識台灣。藉由台灣各鄉鎮特色一點一滴的累積，春一枝期望串聯起台灣的文化地圖，讓這些價值在未來發展為草根性十足的

台灣精神。

NG冰棒不NG，獎勵學習送愛心。

　　每枝冰棒在出廠前，春一枝會嚴格檢視，並挑掉破損、形狀不好的，再將完好的產品運送給經銷商；在運輸過程中，冰棒若有破損，經銷商也會退還給春一枝。

　　這些認真做的冰棒，可能只是在運輸過程中箱子一摔，或夏天溫度保持不好，而變成賣相不佳的NG冰棒，丟掉可惜，卻也無法販賣。春一枝誕生的理念即為不忍水果被丟棄而生，若丟棄NG冰棒，豈不違背自己的理念？

　　於是，春一枝轉念一想，找尋台東不滿一百人的小學，若學校願意，也對春一枝的產品信任，則免費贈送NG冰棒！台東大武國小的校長甚至還運用NG冰棒，獎勵小朋友學習，背一首唐詩三百首，就可以享用一枝冰棒。

　　「有時候就只是一個出發點，覺得不應該把它丟了，但後面衍伸出來這麼具有意義的事情，讓人覺得很有成就感，是拿去賣錢也換不來的。這些都是一點一滴累積的快樂，一直在創造動能，讓你不斷地去做這件事情。」李銘煌微笑地說。

　　因此，春一枝的NG冰棒，每隔一段時間會蒐集裝箱，寄往偏

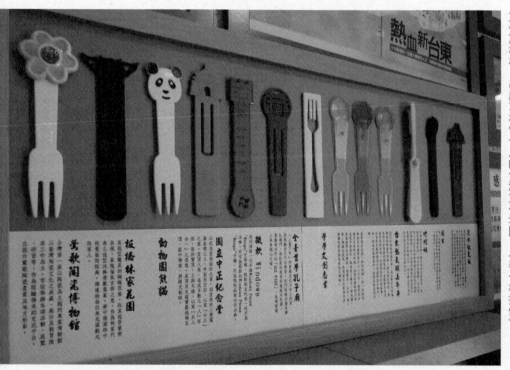

遠國小，不讓所有的努力如同套袋的水果一樣，輕易地被放棄。

從質疑、挑剔開始，被相信、搶購作結。

有次春天的地球日，春一枝在市集擺攤，前面人潮排隊買冰棒，有一位阿婆站在攤位旁，跟李銘煌嫌冰棒太貴，「我就說阿婆你試吃一枝看看，就算三十塊被我騙也才一枝而已對不對，阿婆說好啦好啦買一枝，我就拿一枝冰棒給阿婆，才想到這樣豈不就作弊不用排隊了嘛。」李銘煌笑著說。果然，本來覺得冰棒價

昂的阿婆十幾分鐘後又回來，包
了十枝，說要買給孫子吃；下午
又帶兩個同樣年紀的阿婆來，遊
說她們購買。

　　為解決農民經濟問題而生的
春一枝，初創時其實並不曉得自
己的消費者在哪裡。耕耘了四年
多，才發現能接受春一枝的消費
者，是一群對生活態度認真、對
食物要求講究，不只好吃、還要
天然的一群人，這些人都訴求回
歸到食物最原始的滋味，不要其
他添加物。

　　李銘煌也希望透過冰棒當作媒介，藉由機會教育，讓小孩子
吃正確的東西，養成良好的飲食觀念。有一次，一群國中生在鶯
歌陶瓷博物館收票處游移走動，收票伯伯一問之下才知道這些國
中生想要買春一枝。後來他讓一個學生代表進去，其他人在外面
等，這個學生的任務就是包冰棒出來給大家吃。「我聽到這件事
覺得很安慰，雖然是學生，但他們知道這個東西是好的，不然對
面的便利商店就有一般冰棒可以吃，為什麼一定要買春一枝的冰
來吃？」

　　春一枝也發現，很多消費者會提出疑問，「為什麼釋迦裡面會有籽？」原來是消費者沒吃過釋迦。有次在台東，李銘煌遇到一位女士，這位女士不相信所有由台東特產釋迦做出來的商品，因為在她的飲食經驗裡，釋迦餅沒有味道，釋迦麻糬也沒有味道，而春一枝釋迦冰棒有味道，絕對是騙人的。「當下在台東時，把我嫌得一無是處。」後來在台北推廣中心，居然看見這位女士來購買，現在這位消費者已是春一枝的最佳代言，逢人便推廣釋迦冰棒。

　　在這些消費者的身上，可以發覺到大家其實對於食物是有感覺的，只是無法、或者不曾遇到對的東西。對於飲食，春一枝扛起了這樣的責任。

草根鋪點，推廣台式精神之味，為台灣農業盡心。

　　春一枝創立第一年，本以網路販售為主力通路，實際運作後才發現，對於冰棒來說，網路這樣的通路並不好，因為網路購物需要有量的限制；另外，家裡冰箱的冷凍庫通常都是滿的，宅配的數量放不進去；還有，宅配容易失溫，品質沒辦法控制。因此，春一枝第二年決定努力鋪陳經銷點，現在已有五十五個經銷點（不含土生良品）。

　　春一枝冰棒還有一點很有趣，就是它處於草根的地方就很草根，可是在博物館或阿之寶等文創據點，也能存在得很自然，融合性很高。在接觸經銷點的時候，春一枝也會對經銷商說明，讓其瞭解冰棒是怎麼來的，「我們有一個業務都會開玩笑說，你看現在天氣那麼熱，外面農夫還在曬太陽，你怎麼忍心殺他價呢？」用感染性的語言去說明原由。

　　春一枝台北經營團隊目前共有四位成員進行精實管理，包含財務、客服、業務、品牌行銷等；台東工廠部分，廠長徐敏貴，人力則是左鄰右舍的鄰居，很多時候，水果一運來就要熟了，趕快揪一揪，大家就都來幫忙了。至於創辦人李銘煌則笑說自己是

全職志工。「我的機票都自己出錢，生活費自付，四年都沒有領過一塊錢薪水啦。」他笑笑地說。

　　春一枝每枝冰棒有十到十五元的費用都是在台東發生的。「經銷點夥伴都說我們成本太高，能不能降低一點，我實在沒辦法解釋太多，只好直接帶他們到台東去一趟，從農民種植開始到冰棒做完，現場看過一遍他就明白了，會說我們回來認真賣吧！」李銘煌認為，想為台灣農業盡一份心力，必須親身到現場體會，才能設身處地為在地人考量。「我一直在思考的是，若是

每一個小農都有基本顧客可以跟他產生連結，那麼，種出來的東西就有人跟他買，這是最好的狀況。」

本著良心、用心做、讓大家都開心。

　　小農的價值，就在於小。因為小，所以可以堅持好品質，產出健康好食品，進而讓消費者獲益。為解決台東鹿野農民的經濟與就業問題而生的春一枝，一點一滴慢慢地從台東出發往外擴散，台東的洛神、百香果、釋迦，屏東的檸檬，雲林的桑椹，盡

己之力去幫助更多的小農，也讓消費者親身體驗後，進而擔當品牌的超級業務，靠口碑將理念傳揚開來。

　　一路走來，問李銘煌創辦春一枝最大的收穫，他大笑地回答，最珍貴的是金錢買不來的人生價值，一方面能幫助農民解決問題，另一方面又能讓消費者享用到健康的飲食：「當初參加市集，要我們寫一個經營理念，因為我不會寫文案，就跟他講：『良心、用心、開心』，本著良心、用心做、讓大家都開心，不就好了？」

　　回顧最初，春一枝早已為自己一路以來的堅持，下了最精準的註解。

個案九宮格分析

關鍵夥伴	關鍵活動	價值主張	顧客關係	消費者區隔
與主婦聯盟等重視食品健康的經銷通路結盟,博物館等文化底蘊厚重的異業合作,是為春一枝打開消費市場的重要關鍵夥伴。	以友善交易解決過熟水果廢棄的問題,以及部分環節需以手工製作的水果冰棒生產為主要的關鍵活動。	解決台灣水果生產的運銷與失業人口問題,並提供健康天然的食品予消費者,用友善交易的方式讓生產和消費都變成快樂的事。	以站到第一線如簡單生活節等市集,與消費者不厭其煩的解說,讓消費者直接體驗冰棒並瞭解品牌的價值主張。	春一枝的消費者是對生活態度與飲食認真講究,訴求回歸到食物的天然滋味,不要添加物的一群人。

	關鍵資源		通路	
	李銘煌本身中小企業主的管理知識,以其本業累積所投注在春一枝的資本,與以資本購入的機械設備,這三者皆為春一枝商業模式的關鍵資源。		內部以自營與網路銷售並進,外部與理念相符的經銷商(如主婦聯盟)、觀光景點(如中正紀念堂)、博物館(如鶯歌陶博館)與文創據點(如林家花園)等55個經銷通路合作。	

成本結構	收益模式
每枝冰棒有10~15元的成本是在台東發生的;另外因為冰棒銷售旺季於夏日,故除了冰棒外,目前以逐步增加冬日產品項目以邁向範疇經濟。	定價高於市售價格,以產品銷售為主要營收來源,異業合作(文化冰棒棍)將開闢另一種獲益管道,除現場付費外,網路衍生之交易行為亦為收益管道。

　　為瞭解決台灣過熟水果的生產運銷問題,並以提供健康天然的冰棒食品予消費者為「價值主張」的春一枝,透過水果冰棒生產的「關鍵活動」,並憑藉著創業者本身的管理知識與資本之「關鍵資源」,去創造生產端的運行,並擔任生產端與消費端之間的橋樑。

　　春一枝透過「通路」銷售,內部以自營與網路銷售並進,外部與理念相符的經銷商合作,藉由讓消費者直接體驗商品來維繫「顧客關係」,並

令其瞭解春一枝的價值主張。由此吸引到的消費者，自然形成以訴求天然健康為主的「消費者區隔」，同時也與如主婦聯盟、博物館等文化產業異業合作，是為春一枝打開新一塊文化消費市場的重要「關鍵夥伴」。

目前，春一枝的「成本結構」為成本導向，但因應夏日冬日等季節因素，正逐步增加產品線項目以邁向範疇經濟，其以產品銷售為主要「收益模式」，未來期盼以異業合作（文化冰棒棍）來開闢另一種獲益管道，同時將台灣水果與在地文化做強烈的連結，向國內外推廣台灣的真滋味與人情味。

經營關鍵要素

1. 找出消費者真正在乎的東西與元素，有機會就不斷為自己的服務說話。
2. 找出真正賞識你的通路合作夥伴，為自己以及對方找出雙方的共同連結性，並發揮在自己的服務上面。
3. 事業的經營除獲利之外，投入農業的初衷為何須思考清楚，並且保持一致。

關鍵步驟檢視

適用參考對象：想為產地盡力之鄉村創業家。

Step1：釐清產地之產銷問題，盤整產地人力與資源，檢視創業提案可行性與機會點。

Step2：進行產品／服務試做，尋求樣本消費者之回饋意見修正，並與產地以友善方式進行交易，解決初始問題。

Step3：以產品／服務優勢特點切中消費者的需求，並吸引消費者直接體驗，同時尋求各種機會進行品牌曝光。

Step4：結盟重要通路夥伴，積極拓展通路，並進行產品／服務的異業合作，爭取新消費市場。

Step5：進行產品／服務與台灣在地的強烈連結，尋求國際消費市場之胃納量，並保持原初訴求之一致性。

一年一會，
不失約

「茶山花印」，
向默默堅持的農友致敬。

結實累累的茶樹生長在台灣陡峭的山地上。

從都會餐廳、夜市路邊攤回到兒時故鄉，
這次端上餐桌的是來自故鄉的茶油。

因為不想欺負「自己人」，他們賭上青春的「憨膽」。

要再次將有東方橄欖油美譽的茶油，
既時尚又質樸地帶入我們的生活。

品牌名稱	茶山花印
創立年	2010年
創辦人	彭翊茹、施志緯
商品／服務	茶油、油漬番茄、茶油料理、茶油護膚品、茶油身體清潔用品
品牌精神	向堅持的茶農致敬，讓大家重新看見茶油的美好。

珍貴的茶油，童年記憶的痕跡。

　　「苦茶油、茶籽油、山茶花籽油……事實上，台灣還沒有給它們一個統一的正式稱呼，在那之前就先統稱『茶油』吧！」這是民國一百年、當時年僅二十八歲的彭翊茹，代表自己創立的品牌──茶山花印參與政府研討會的其中一項收穫。

　　喜愛料理的彭翊茹來自苗栗三義。小時候，她偶爾會看見奶奶在過年或家中有人生病時，拿出碗櫥裡的一瓶油作料理，不小心油多跑了點出來，就細細地擦在頭髮上。雖然不清楚瓶子裡的

創辦人彭翊茹（左）和施志緯（右）。（茶山花印提供）

油是何方神聖，但在童年的記憶中有了痕跡，她知道：這，一定是好東西。

　　餐飲學校畢業後，彭翊茹和先生施志緯（同為餐飲系畢業）開始他們的餐飲生涯。台中鼎王、西堤到飯店都曾經有他們的足跡。「我們玩過很多東西，擺路邊攤賣鹹酥雞等等，我們都做過。」

　　「畢業後快十年，三十大關將近，好像應該要穩定下來做一份可長可久的工作。」是心中的警覺，也是家人的提醒。「那就

創業吧！」家人紛紛表示支持。但要做什麼好呢？

出海尋覓創業方向，返鄉播下事業種子。

　　長期在大陸從商的彭爸爸提議年輕人去對岸試試看，彭翊茹和施志緯就這麼去了趟中國並待上了幾個月。當時評估發現，在大陸創業要投入的資金與風險都很大，因此兩人決定先放棄在中國開餐廳的念頭。此時，兩位年輕人還不知道腳下的這片土地正是全球八成茶籽的來源地。

　　「爸爸大陸工廠的員工不少人家鄉有種茶籽，幾年前他曾經去瞭解過茶籽產業，發現進口茶籽價格便宜，想說何不來做茶籽貿易生意？爸爸要我們去大陸的茶籽工廠參觀。那是很誇張的規模，隨便一間工廠都有好幾座山頭的油茶樹。現在幾乎所有台灣大廠的茶油都是從中國進口茶籽。」

　　沒有一股腦栽進茶籽貿易，兩人選擇先回到台灣，從認識茶籽開始。

　　茶籽是油茶樹的果實。油茶樹原產於中國華南地區，與橄欖、椰子、油棕齊名為世界四大木本油料植物。常見的油茶樹種有三類：栽培種油茶（俗稱大果）、短柱山茶（俗稱小果）與茶樹。

　　油茶樹有助於水土保持，穩定大氣中的二氧化碳。茶籽所壓榨出來的便是「茶油」，茶油含豐富的單元不飽和脂肪酸，有助於降低膽固醇。其茶多酚、維生素E、山茶苷素則有暖胃護腸的功用。高達攝氏220度的冒煙點，讓料理的人可以免去油煙的困擾，這也是茶油勝出橄欖油的最大特點。

　　台灣栽種油茶樹的歷史可追溯到1910年，當時油茶樹作為造林數種，台灣光復前後，全台山區廣泛種植，極盛時期種植面積曾高達3,000公頃，年產茶籽達70,000公噸。

　　過去幾十年，台灣人普遍食用大豆沙拉油，油茶樹不敵其他果樹作物的經濟效益，加上粗放式的管理導致油茶樹產量遞減，越來越多的油茶樹不是被砍就是荒廢。全台油茶樹的栽種面積縮減至1,000公頃。

故鄉長輩情，是起始也是品牌的終極關懷。

　　山城三義近幾年來以油桐聞名。然而，同樣盤踞三義山頭、卻相對鮮為人知的就是油茶樹。三義種植油茶樹的面積曾高達50公頃。油茶樹有種特殊氣味能自然驅蟲，茶籽苦蟲鳥不食，因為照顧容易，三義許多人都曾種過油茶樹。壓榨茶籽的茶油可以自用、送親友或販售貼補家用。

　　彭翊茹的外公曾擔任農會理事長，舅媽任職於三義農會，長

期推廣茶油。有了一些親戚協助，兩位年輕人開始拜師茶農，學習關於油茶樹的一切：辨識樹種、種植方式、製作茶油。施志緯說：「如果不會客家話、沒有在地認識的人引介，這條路恐怕是難上加難。」一語道破創業的重大關鍵。

彭翊茹和施志緯一路來的用心打動了農民，雙方逐漸成為朋友。農民曾對他們吐苦水：「現在不好賣，價錢不好。」兩人疑惑：「不是好東西嗎？為什麼會難賣？」

民國98年台灣開放進口大陸茶籽，進口數量達5,329公噸，每公斤進口單價十三元。林業試驗所於2010年調查估算，國內採收油茶籽的工人一日薪資約一千元，由於茶籽只能用人工採收，平均每人一天約採收70～100公斤，國產油茶籽每公斤約二百元。「台灣茶籽產量少人工貴，開放大陸茶籽進口後，沒得選，只能降價求售。」

對油茶樹有些瞭解後，彭翊茹和施志緯開始在三義的山頭繞。不時，他們會在山裡遇見荒廢的油茶樹園。「農民因為沒有利潤，不如不種。」兩人心想，若這時去進口大陸茶籽，好像是在打壓台灣自己的農民，於是轉向思考台灣茶籽。

一個販售的理由，一個市場的位置。

「政府並沒有針對台灣在地茶籽或大陸進口茶籽進行認證，

所有進口茶籽到台灣後都說是台灣自產的。」彭翊茹和施志緯發現：「消費者不會相信我們賣的是台灣茶籽，農民也不會相信我們有辦法幫他賣。」

此時，茶籽在台灣有兩大為人熟知的用途：食用油與清潔用品。

台灣市售的茶油主要來自苗栗和嘉義兩大批發商，他們使用進口茶籽製油，一層層批下去給各廠商貼牌販售。清潔用品以「茶籽堂」為代表，茶籽粉在早期是很多婆婆媽媽熟悉的天然洗滌劑，不少化工廠也都有推出相關的清潔用品。三義農會主推食用油、清潔用品和茶油料理餐廳，並成立產銷班，輔導當地農民種植壓榨等。「三義農會做得很完整，每年都有固定一筆經費用在推廣茶油。」

除了既有用途，勢必要找出新的市場需求，才能有更獨特的價值。此時彭翊茹想起奶奶將油塗抹在頭髮的場景：「對！還有保養的功效。一查資料，果然發現在國外有用茶油做保養品的案例。」

2010年，茶山花印誕生了。山城的油茶樹，一年一次開花結果，多麼質樸又美麗的印象。以茶油為核心的食用產品與生活用品，對台灣在地那群始終沒有放棄油茶樹、默默堅持耕耘的農

民致謝，更要讓大家再次看到茶油的美好。

客人上門前，要先成為專家。

起初，有機械業背景的彭爸爸，從中國買了一台小型的榨油設備回來，兩位年輕人請教農民學習製油。「從那時開始，就一直投入時間和經費，從測試的過程去計算成本：自己做划不划算？請人代工會不會比較好？是否能更穩定控制品質？」

榨油是一門專業，除了溼度與溫度，壓力、速度、烘炒、水分殘留、含油率都需要深入瞭解。

「一開始想要自己壓榨茶油，但後來發現那樣做成本真的太高，最後決定委託別人做，我們則去發展其他領域的產品。創業前期將近有十個月的時間都在進行產品開發，研發的動作一直到現在都還有。那段時間同時做了很多事情，像是摸索要賣給誰、產品定位、市場價格、包裝設計和實體店鋪的設計裝潢。」

根據市場定位，茶山花印鎖定食品——食、清潔——潔、保養——膏三種產品系列，逐步推出。

茶油屬於食，從生產角度來看，是相對成熟的產品。

多數台灣茶農選擇以曝曬茶籽的方式去除水分，除了免去人

曝曬中的茶籽。

工烘乾的成本，暖暖的太陽能讓茶籽榨出的茶油風味更足。曬乾後的茶籽會被茶農送到長期配合的榨油廠進行榨油作業，出品的茶油就是茶山花印的主要收購對象：「茶農沒有賣出去的茶油，或是茶農住在深山裡不方便出來販售，我們都用消費者的價格和茶農收購，不砍價。」

油的製作可約略分成兩種：粗榨、精製。

前者以物理性質壓榨，可完整保留油脂的營養成分與特性。

後者以化學藥劑浸泡讓油浮出，往往容易有化學藥劑殘留和營養成分保留的問題。不少市面上的精製油（如沙拉油）透過添加外物（如橄欖油）補充榨油時所流失的營養成分。大陸地區有人以精製方式生產茶油，摻偽也時有耳聞。

「茶山花印的食用油和生活用品原料都是使用第一道初榨的茶油。」彭翊茹說，油茶樹因為天生驅蟲的樹種性格，在製作前茶籽只要保存得宜，多是十分天然的狀態，會出問題主要是在榨油與製作產品的環節，這也是茶山花印最嚴格篩選把關的部分。

掌握核心原料後，接著是潔與膏，下一個挑戰是尋找合作開發產品的夥伴。

協同開發大不易，再難都要堅持初衷。

「那時花了蠻長的時間去找誰可以幫我們做，很多廠商不願意，因為沒有做過這種東西，廠商會去評估產品開發後會有通路銷售嗎？會賣得好嗎？能持續多久？此外，開發一項產品需要投入很多時間去進行測試，因此很多廠商是不願意投入的。」

而這麼困難也和創辦人的理念有關：「我們要的是天然，很多會折損天然的東西不能加進去。」

相信這是許多品牌經營者共有的經驗：在開發難度不低，生

產數量少，品牌還相當年輕的階段，所處環境是否具備成熟的小量產品開發條件，將會是品牌能否成功延伸的重大關鍵。較快找到合作開發商的產品是手工皂，保養品的開發商則在走遍二十多間廠商後終於遇到有緣人。

「過程中也遇過其他願意為我們開發產品的廠商，但他們要的是便宜、廉價，無論什麼成分都能一直加下去，可能一滴茶油就能做十罐產品，他們不會想去聽我們的品牌是什麼樣的規劃，這類型的廠商就沒有辦法合作。」彭翊茹說，現在合作的廠商，做了不少在地品牌的產品，很願意和品牌商做溝通。「我們的量真的很少，有點是低於一般行情在做。因為要天然，只有兩年的保存期限，老闆娘特別破例讓我們不用一次做到那麼多的量，可以賣完再生產新的一批。」

每一項產品從無到有最少需要半年的時間進行研發溝通、開發、打樣與測試，穩定才能上市，有一個地方不行就打掉重來，然後又是四個月。

合作關係唯有互信才能長久。許多代工廠不願意接受品牌商提供的原物料，站在代工廠的角度，無法完全控制原料就代表有風險。時下經常聽到東西有毒的新聞，不少代工廠商其實都是受害者，問題就出在原料的把關。茶山花印從茶農收購茶油後都會送檢，附上檢驗合格的證明，連同茶油一起交給合作開發的廠

商。將近三年的合作，彼此都很習慣，合作開發商也會固定抽檢並主動和茶山花印反應。「茶農生產的油每一批多少都會有些不同，像是含油量、水分、物質，廠商也習慣做一些微幅調整。」

產品之後是包裝，這同樣也是餐飲背景的兩位年輕人不熟悉、沒經驗的領域。

由於創業經費不多，鎖定年輕人為主要客群，起初先請台北設計公司為茶山花印設計LOGO，產品包裝就自己拼湊出來。「視覺上是新潮的，但比較忽略了在地的品牌精神……就覺得有些地方還不對。那時候打算經營穩定一點會調整包裝。」

無法直走時不妨轉彎，向外尋找真正前進的方向。

第一間實體店鋪於2010年9月開張了，位於三義的店鋪洋溢著南法鄉村風情，彭翊茹說這是她個人的喜好：「想專注在自己的產品上，不想要兼著一堆東西賣，想弄出一個新的品牌、新的形象。」

初期選定三義開店最單純的因素是自家店面，可直接省去許多成本。「三義大量的觀光客應該可以幫忙打開知名度吧！」然而知名度並沒有穩定累積在提袋率上。第一次，兩位創辦人出現了這個念頭：「真的要走下去嗎？」三義店遲遲沒有好轉的業績，讓兩位創辦人硬撐了三、四個月，但是他們的腳步並沒有因

此停下來。

除了三義店面的經營，兩位年輕人同時也勤跑各地的市集，因為參加簡單生活節的簡單市集，間接認識楊儒門，進而參與248的農學市集。「只要能力與經費可以支撐，各種市集活動我們幾乎都會去，也會辦一些講座和大家介紹茶油。」跑市集讓更多的人看到茶山花印，就這樣茶山花印的產品很順利地進駐了好丘與248天母農學園。這是茶山花印接觸都市消費者的開始。

「那時候市集隔壁攤位就是春一枝，我們後來也幫忙賣他們的冰棒。三義觀光客多，賣冰生意超好。」施志緯笑著說。現在茶山花印店裡的架上，也看得到春一枝出品的土生良品系列。

出現在簡單市集、好丘後，開始有來自各地的邀約，禮盒的配合或是經銷的意願，似乎都來自都市。「我們做過幾間大公司的年節禮盒，發現都市人的接受度真的比去觀光地區的人來得高很多。」

對症下藥，讓經驗成為頭號指導老師。

曾經有朋友建議是不是要轉戰其他觀光地區，像是日月潭。一來是超高額的店租，二來是三義店的業績遲遲沒有明顯提升，思考許久，彭翊茹與施志緯決定轉戰他們曾經熟悉的台中市，轉向都會，再次挑戰。這一次有了三義店與都會市集一年多的實戰

茶油、保養品、清潔用品。茶山花印以茶油為核心展開一系列的產品開發，讓茶油可以在日常生活裡有更大的舞台。（茶山花印提供）

經驗，兩位做了第二波投資，大力整頓品牌：從新店面的選址裝潢、新產品開發、包裝到品牌簡介與官網，因為多了很多經驗，知道問題在哪，對於要發展的方向和合作夥伴的類型，都更清楚。

這次，茶山花印找上了以本土設計知名的種籽設計公司。「他們花彎長的時間來瞭解我們，會從我們的行事作風和理念，抓出我們的精神。他們瞭解我們是年輕的品牌，但又需要有一些本土的感覺在，不能太脫離。」

茶油料理。（茶山花印提供）
創業初期彭翊茹時常在自家店內、創意市集、電視節目示範茶油的
簡單料理，自己動手做一點都不難。

　　歷經五個月的品牌工程，台中公益店落成，四樣新產品隨之
上架，產品線顯得更為完整。台中店的二樓更增設料理教室。
「我希望可以提供一個平台讓我的餐飲同學、年輕廚師有一個交
流展現的舞台，因此開設強調創意、收費平價的料理教室。當
然，必須要用茶油作料理。」

　　料理教室的構想同樣來自先前的經營經驗，因為許多年輕人
不懂茶油也不知道怎麼用茶油。

料理教室場景。（茶山花印提供）
未來這裡將輪番上演精彩的茶油創意料理。

　　三義店時期，為了推廣茶油，彭翊茹時常週末在店內示範如
何用茶油做美乃滋、沙拉，也提供以茶油烘焙出的手工餅乾給客
人品嚐。因為不含反式脂肪，茶油餅乾相當酥脆不油膩。此時的
彭翊茹是幸福的準媽媽，目前料理教室多半只接固定的團體客以
及茶油介紹講座課程。

　　「我們瞭解到不同地區需要不同的經營模式，台中可能會作
為辦公室、料理教室，兩個地方會賦予不同的使命。因為是從三
義來的，發源地在那裡，我們一定會重新開張。」

哪些人是茶山花印的顧客？

「雖然一開始鎖定是年輕人，但其實真的買比較多的是有點年紀、四十幾歲的媽媽，有些人是因為天然、有的是喜歡台灣在地。」彭翊茹說，媽媽喜歡打折，年輕人喜歡試用包，不同的客群各有喜好。好丘吸引不少年輕人與觀光客，好幾次有國外客人來電預約，說來台灣時要帶一些回去。

對的夥伴，會將你的產品與服務傳達給對的消費者。

雖有許多通路邀約，但茶山花印至今尚未進入連鎖通路。「經銷商會那麼少，是因為我們還蠻挑的。美麗信是他們的董事長希望可以透過自家飯店推薦台灣好物，相當友善，不砍價也不要求進貨數量，彼此理念一致，都很珍惜這個合作機會。」美麗信是，好丘與天母農學園亦是。

目前茶山花印的實體通路，除了產品架，也都提供各自既有的資源與茶山花印合作：美麗信有年節禮盒、美麗講堂，好丘和天母農學園有市集或講座，而好丘則是偶爾會辦折扣活動，其銷售人員也會協助鼓勵消費者試用，並幫忙講解說明。這些都提供了茶山花印有更多的機會直接面對消費者，讓大家更深入瞭解什麼是茶油。

「通路夥伴首重理念，其次是通路費用，一般連鎖通路可能

油漬番茄義大利麵。（茶山花印提供）

取自義大利麵的食材創意，用東方茶油封存風乾番茄的美味，成為義大利麵的最佳搭檔。

要等我們品牌相當成熟、產品有能力大量生產、消費者普遍瞭解我們的理念和產品時才會考慮。」茶山花印曾婉拒過大型家居量販店的進駐邀約。

有國外經銷商來談過嗎？有的，只是打退堂鼓的居多。主要是檢驗麻煩、關稅運費，單純寄送容易，牽扯到販售就有相當多的手續。

現在，無論是茶油或是保養清潔用品都已有消費者穩定回購，很多產品每個月平均都有幾十瓶的銷售，茶山花印已跨越了第一階段的創業門檻。此外，也開始針對常用的客戶開發出茶油套票，採取一次性預購，用完就來拿最新鮮的茶油，讓消費者既享有折扣又能省去存放的麻煩。彭翊茹說三年下來累積了一筆客戶資料，除了在Facebook粉絲團發佈活動訊息，也會傳送簡訊通知消費者。她說慢慢穩定下來了比較有時間想行銷的事情，也預計推出春夏秋冬一年四季的產品組合規劃。

深度溝通，不砍價也能與低消費門檻共生。

赫然發現架上有規格相近、價格卻差異頗大的兩瓶茶油一同陳列，怎麼辦？

「怎麼訂價？一是原料成本，我們不和茶農殺價，成本固定。保養品和清潔用品的生產量還不到開架商品的規模，基本上

也不和廠商談價錢。我們會參考與自家產品品質、效用相近的產品價格。以保養品為例，醫美產品或有些編列很高行銷預算的產品都不是我們參考的對象。我們的東西是要慢慢累積，不會訂高價，而是訂在一般人容易下手的價格範圍。」彭翊茹補充說，店面附近消費族群的習慣價格水準也是考慮的因素之一，他們會找性質相近的產品去觀察研究別人的行銷方案和價格，然後摸索出適合茶山花印的方式。

只是，台灣茶籽因為生產的成本，原料價格硬生生就是比大陸茶籽貴上好多倍。有些消費者在不熟悉茶油的狀態下，一瓶上千塊的農民手作油體驗門檻不免有些高，也有部分消費者基於長期使用希望可以降低費用。因此，茶山花印也有部分油品是使用他們嚴格把關的進口茶籽，請長期合作的廠商進行榨油生產，讓消費者多了一項選擇，當然這些都會清楚地告知消費者。

越走越寬的路，不再是一份工作而是使命。

回顧一路來的歷程，兩位創辦人認為起初最大的困難在於產品的生產與開發，現在的挑戰則是如何行銷、怎麼持續推出新產品。

退休的伯伯回到山裡與茶樹同樂。

　　「現在開發產品慢慢要一直往上或是更擴大品項範圍。保養品之後想延伸至隔離霜，隔離霜是化妝品類的東西，也計畫設計採茶籽榨油等相關體驗。除了茶油，還有油茶樹的茶粕、茶渣、樹幹、樹葉，要讓一棵樹有更大的價值，一步步去開發。希望可以擴大下游的需求，確保商機，慢慢讓荒廢的茶樹園可以恢復生機，對比較弱勢的農民能有更多的幫助。」

　　目前茶山花印已在中國註冊商標，並計畫借助彭爸爸在大陸的人脈與投資，逐步將茶山花印的品牌推廣至對岸。彭翊茹說，在那裡把知名度打開了，對台灣會有些幫助，因為茶山花印依然會與台灣的廠商配合，大家相輔相成，一個品牌，一股力量，會有更多的能力和資金來幫助台灣，有點像資金回流。

　　「希望台灣農民的產品能持續慢慢擴大，讓生產規模回到以前自給自足的樣子。如果台灣的產量全部恢復，就會鼓勵更多年輕人去做，這樣的話，規模應該會蠻驚人的。」

　　別以為這件事只影響年輕人。「現在三義蠻多五、六十歲的人，開始為了退休鋪路，他們通常有田、有山地可以種點東西。最近聽到很多人重新整理山上，就選擇種油茶樹，因為知道茶油是我們這邊比較好的東西。這群人雖退休，但有時間也還有體力，對他們來說就算之後不做了，留這些東西在台灣的土地上也是好的。」別忘了油茶樹是林業試驗所植林用的樹種。

　　談到給新進業者的建議，兩位創辦人很謙虛地只給了一些小叮嚀：想做農業加工，一定要發自內心，不要打著台灣在地的旗子卻只把利益擺第一。「很多老人家被傷害過是不會再相信的了，這樣後面有心做的人就有一些阻礙。我們真心希望有更多的人為台灣這塊土地做點事情。」

　　與茶農一年一次相遇的季節又到了，彭翊茹與施志緯準備再次上山。迎接他們的是忙於採收的茶農與結實纍纍的茶樹，以及晚些綻放的茶花。這是他們與農民的約定，不能失約。

個案九宮格分析

關鍵夥伴	關鍵活動	價值主張	顧客關係	消費者區隔
一年一度與茶農的約定，理念互通的研發及通路夥伴相互扶持，消費者的認同串起這個正向的循環。	提出點子協同代工廠開發，攜手通路一同提供銷售服務，站穩腳步後持續擴充多元的產品服務與經營規模。	以蘊涵多元價值的茶油為核心，讓台灣人看到更多茶油的美好，向總是默默耕耘的農民致上最高的敬意。	不厭其煩地針對各消費族群進行深度解說，搭配合適的行銷方案，未來要以更多元的方式服務各方的消費者。	年輕族群為初步設定，喜愛天然用品的媽媽相當支持，海外觀光客及男性客戶也是愛用者。
	關鍵資源 產業人脈是快速通關門票，自學能力是關鍵生存技能，跨域合作能力決定未來產品服務的成長規模與範疇。		**通路** 內部自營與網路銷售並進，外部與理念相符的通路商合作，品牌成熟後可能就會邁向廣大的連鎖體系。	
成本結構 委外開發降低高額開發成本，批次量產分攤固定成本，逐步增加產品項目邁向範疇經濟。		**收益模式** 產品銷售為目前的營收來源，不同產品搭配拓展更新穎的收益組合，料理教室與採收體驗將開闢另一種獲益管道。		

　　回顧品牌歷程，茶山花印的誕生起源於有些意外的巧合，因家族長輩與故鄉淵源的先天「關鍵資源」，讓兩位創辦人能夠一路摸索尋覓，直到形塑出品牌的「價值主張」，並找出合適、可運作的「關鍵活動」，透過協力生產的方式，開發新的產品類型，在市場上創造出獨特的差異性。

　　由於品牌發源的在地性，「通路」除了低成本的網路管道，也從家鄉的實體店面、各地的農學生活市集開始，接著延伸到熟悉的台中市區。隨著時間、經驗的累積，「消費者區隔」輪廓逐漸清晰。從原料端、產品端、銷售通路端到消費端，大家因認同價值主張而攜手，共同形成茶山花印不可或缺的「關鍵夥伴」。

　　兩位創辦人因本身有經營的實務經驗，在「成本結構」方面，從創業

初期便有清楚的設定，藉由委外開發發展關鍵活動，在不砍價的前提下，盡可能降低產品開發門檻、確保最低獲益，也藉由關鍵活動的可複製特性，發展茶山花印多品項的「收益模式」。確定走過第一波經營挑戰的茶山花印，現在將開始投入較多的資源進一步經營「顧客關係」。

經營關鍵要素

1. 獲利之外，具深度社會關懷的創業理念，將能更深化品牌事業的內涵。
2. 合作展開的基礎就是信任，無論是生產者、開發商、通路商皆須秉持一致的理念，並確實履行每一次的承諾。
3. 經營過程中持續保持與外界的聯繫，可多嘗試各種接觸市場的管道，必要時這些經驗可能是提供解決方案的關鍵鑰匙。

關鍵步驟檢視

適用參考對象：欲藉由產品類型創造新價值、開展新市場的創業家。

Step1：觀察產銷問題，從產地找出根本的市場缺口。
Step2：提出新的產品類型，藉由新產品創造差異，降低競爭門檻，創造品牌價值。
Step3：主動出擊市場，從家鄉到都市，積極接觸尋找關鍵的消費市場，同時認識理念夥伴。
Step4：借重設計專業，讓視覺包裝正確傳達品牌訊息，更讓美感加值。
Step5：產品持續創新，反覆操作既有的商業模式，延伸產品線，從多元面向拓展市場。

結論：
生活的微改變，品牌、
產業、需求間的微關係

追本：創業與人的連結

所有故事的起源都來自創業者的起心動念，於是「人」成為本書每篇個案的序曲。

祖父輩的穀糧商號與農會淵源，父執輩七十年的製麵功夫，二十多年跟隨父親走訪食品業者的經驗，到十多年的煮鵝心法，「家業」有意也無意地成為醞釀品牌的先天養分。

笑稱自己流著商人家族血液的林文琇，自小就在祖父的雜貨店裡與穀包相伴，穀物買賣是生活的一部分，長大後的兩次創業都是從穀物研磨做起，也才催生了今日的「吾穀茶糧」。一樣追溯到祖父輩的還有「茶山花印」，創業的想法雖起自長年在大陸經商的父親，但真正為兩位創辦人打開茶籽世界大門的，其實是曾任職於農會的外祖父與舅媽多年累積地方茶農的人脈。

　　穿梭國際貿易與博物館行銷領域的劉世欣，返鄉創業、打造「大呷麵本家」，憑藉的是父親七十年的製麵手藝。從小幫忙爸爸做食品生意、招呼客人的洪嘉男，不但鍛鍊出好味蕾，更結識了廣大的業界前輩，讓「原味千尋」得以有機會在台中年貨大街出現。從法國生活經驗到家裡鵝肉小吃店的巧妙連結，像是注定好的，異國文化的刺激催生了台灣第一瓶鵝油香蔥，「樂朋」的誕生是台法兩地生活底蘊的結晶，缺一不可。

　　除了家業，還有一群可貴的有情人。

　　他們對土地有情，所以盡情地讓來自四面八方的能量，揮灑在所珍愛的人事物上。

　　一包來自台東的新米，喚起「掌生穀粒」創辦人——時尚攝影師李建德與浪漫的文案寫手程昀儀對土地農作的深層情感，兩人聯手運用各自的專業背景，讓樸實的農產成為百貨架上的精品。對飲食講究到幾近嚴苛程度的林哲豪與顧瑋，因為愛吃、極度重視食材並關注農產議題，他們察覺到許多美味卻不耐儲運的台灣水果品種正逐漸消失，選擇以手工果醬點心將「在欉紅」的香甜味保存下來。優遊花東山水的中小企業家李銘煌，因不忍熟透的水果成為廢棄的垃圾，做起了「春一枝」水果冰棒，期盼讓台東農民悉心照料的農作，無論能否走出台東，都能有美好的歸宿。

　　無論是起因於家業的牽絆，亦或是對土地的真摯情感，隨著品牌成長茁壯，兩種感情早已在不知不覺中交錯相融並蔓延。創業過程中人與人彼此結識，相互交流激盪成為另一種滋養品牌的新養分。再次證實：生活脈絡的豐富度會為創業開拓更大的可能。

溯源：價值主張、關鍵資源、關鍵夥伴催生品牌，價值主張決定消費者區隔

　　回顧八篇品牌個案，其創業源頭皆起自Business Model Canvas九宮格中的三大元素：價值主張、關鍵資源與關鍵夥伴。有些品牌以價值主張為首，串起創業初期所擁有的關鍵資源與關鍵夥伴；有些則從可掌握的關鍵資源與關鍵夥伴開始，塑造自己希望、可自行實踐的價值主張。無論是前者或後者，這三者元素在品牌創業初期幾乎都是交錯結合相互影響，形成創業者當時最重要的發展籌碼。

　　達頓商學院的Saras Sarasvathy教授用「實踐」（effectuation）為訪談四百多位創業家之創業研究下了結論註解。他發現，約有百分之七十五的創業家在解決問題時，多半採取的是實踐邏輯。

　　現今市場、政治、經濟等外部環境變幻莫測，很難以過去的歷史資料對未來進行精準的預測。Saras教授在訪談中發現，其

實創業家在事業發展初期，往往沒有非常完整的事業營運計畫書或市場銷售預測。不過，他們對於自己的背景、人脈、能力及可運用的資源都有一定程度的瞭解及掌握。他們多半從這些基礎出發，快速就地取材，將小型、創新的產品服務拿到市場進行測試驗證。由於都是以既有資源進行市場探索，因此都是在「輸得起」（affordable loss）的程度，也因此可以持續累積，直到找出可獨立且長期運作的「關鍵活動」。

我們發現，八篇個案的創業家與Saras教授的創業研究有相當程度的呼應。

掌生穀粒與原味千尋的創辦人運用既有專業，於下班時間展開副業型創業；樂朋、吾穀茶糧、大呷麵本家、茶山花印於相關家業基礎下誕生；在欉紅是幾位對美食有極致熱愛的學生小額創業逐步成長的成果；春一枝則是中小企業主期盼改善失業與農產過剩問題而進行的微型創業。它們皆從「小」開始，某種程度上也都做了前所未有的市場實驗，經歷逐步的摸索、調整，穩定後再一步步慢慢長大。

此外，八支品牌並非單純只訴諸經濟價值，創辦人的社會價值與願景往往使其品牌價值更為彰顯、更具特定感染力，因此，品牌本身的價值主張也決定了核心的消費者區隔。不過消費者區隔也會因產品服務範疇的延伸而有所改變、擴張。

價值三層次：維新，革新，創新

本書的個案讓我們看見三種層次的品牌價值：維新、革新與創新。

維新：在既有產品基礎上精益求精。這類品牌的產品多為消費者所熟悉，市面上相當輕易就能找到同類型或相近的產品，那創業者該如何勝出？這就得仰賴環環相扣的細節，其中包含無虞的食材、快速微創新的開發能力、悉心的生產管控、安全與美觀兼具的包裝、通路的選擇以及貼心到位的銷售服務等。維新品牌代表：吾穀茶糧、原味千尋、大呷麵本家。

革新：為具有好本質的東西找到新出路。這類品牌會為一般人看似沒有多餘價值的東西，創造一個被保留的新理由。它們多半會提出一項嶄新的產品方案，絞盡腦汁使方案可行，然後投諸大量心力讓市場接受這個新玩意。革新品牌代表：在欉紅、春一枝、茶山花印。

創新：以前所未有的產品掀起生活態度的革命。這類品牌有些領袖的氣息，它們認為一些被忽視的情感、價值觀很重要，於是想盡辦法創造出前所未有的產品，甚至是嶄新的商業模式，吸引消費者讚歎的目光，然後好好地告訴消費者想要傳達的精神理念，並使其接受。創新品牌代表：掌生穀粒、樂朋。

　　三種價值並非全然獨立無關，隨著品牌歷經不同的成長階段，創新與革新類型的品牌會開始在維新的層次上著力；同理，維新類型的品牌也可能朝向創新、革新的方向延伸。無論是何種進化方向，所憑藉的都是品牌一路來所積蓄的能量。接著，我們來看看這些品牌都做了哪些事情，讓自己得以在競爭激烈的市場上生根、茁壯。

要點一：
全方位的美學細節重視──打造專屬的品牌風格

　　無論是維新、革新還是創新，所有個案都相當堅持品牌的美感與細節，無論是親自操刀，亦或是與專業夥伴合作，在不輕易讓步的堅持下，它們都逐漸成就了自己專屬的風格。因此，這裡所說的風格，除了細緻的視覺美學，更包含那歷經千錘百鍊的細節考驗後所淬鍊出的迷人品質。

　　沿著關鍵活動的發展順序，首先是心中理想的食材。樂朋創辦人陳良士曾說過：「好的東西，拆開來會是好的，組合在一起也會是好的。」一語道破所有品牌如此重視食材的核心理念。

　　什麼是好食材？必須是無毒有機或是符合國際食品認證規範？事實上，沒有所謂標準答案，因為不同的人、各式各樣的創業脈絡已形塑出各種的理想標準。但有一點是可以確定的：為了實現心中的標準，他們都付諸相當可觀的行動。

　　掌生穀粒、樂朋、在欉紅實際上山下海走訪產地拜會農民，用信任與味蕾找出富有情感的理想食材；原味千尋與大呷麵本家則攜手冠軍食材，讓頂級食材藉由優質食品一同傳遞給消費者；春一枝和茶山花印則不畏遠途，以市場價格親自從生產者手中接過經悉心照料的碩果；吾穀茶糧由於產業屬性須仰賴國際進口食材，費時多年取得數張國際認證，只為了給消費者一個安心的承諾。種種行動的背後都是相當驚人的成本投資。

　　好的食材須穿上好的衣服才能彰顯、更加凸顯價值。我們發現，這些品牌的包裝不但蘊涵無限的創意巧思、經營者細緻的用心與誠意，更讓以前只會在超市出現的食品一躍成為百貨專櫃、博物館、甚至是喜宴餐桌上的風格禮物，甚至讓台灣食材在世界競賽的舞台上璀璨發光。

　　當品牌講究食材、全方位地重視整體呈現時，這個品牌已開始走起不同以往的路。此時，產品擺放的位置、陳設的細節、價格的制定也皆須不同以往，一樣都馬虎不得。

要點二：
生活化的多元滲透——可重複運用的產品開發系統

　　贏得了掌聲，往往也會引來抄襲，這個時候唯有發揮品牌的力量，穩定而快速地出擊，才能夠在市場上克敵制勝。此處的關鍵是從品牌成長的過程中，逐步孕育而生的「可重複運用的產品

開發系統」。

　　我們觀察發現每個品牌都有專屬的「可重複運用的產品開發系統」，品牌可以運用此系統開發新的產品服務，接觸新客源、打開新市場。

　　觀察本書的八篇品牌個案，約略可分成兩種系統：作業模組式系統與特定核心式系統。前者類似一套公式，只要條件符合，就能套入開發產品；後者則偏向同心圓，以一個具體核心為中心點，向四方擴散。然而無論是何種系統，品牌皆能透過規格的調整，開發出貼近新一代消費者生活需求的產品或服務。

　　作業模組式系統以掌生穀粒為例展開說明。該品牌習慣從探索台灣各地美好人事物開始，找出藏於其中的魅力農產，運用其擅長的深度包裝與體驗設計，打造獨具一格的風格產品。以米出發，直向展開可從日用、個人送禮、企業贈禮、旅行紀念到婚慶小禮，橫向則是從米、茶、蜂蜜乃至於小廚具一路延伸，新規格和新品項都生出新領域的客群，讓更多不同的消費者能一起為台灣依舊美好的人事物掌聲鼓勵。

　　同樣是作業模組式系統的還有在欉紅、春一枝及原味千尋。

　　在欉紅以契約收購的方式保障生產者、守護物產，以手工果

醬、法式點心來演繹台灣在地的果香味,並進一步延伸至台灣咖啡。春一枝則堅持產品的收購開發都要能解決農民生產過剩的問題,之後更衍伸出非冰棒的土生良品系列。原味千尋強調安心健康,從採購至包裝出貨,一脈相連。

特定核心式系統圍繞某特定中心向跨域品項蔓延開展,避免在發展的同時失去品牌的核心定位。以鵝油為核心的樂朋、以穀糧為核心的吾穀茶糧、以茶油為核心的茶山花印、以麵食為核心的大呷麵本家皆屬此類。

與作業模組式系統最大的不同在於,採用特定核心式系統的品牌會與跨領域廠商進行較為頻繁的合作開發,其所面臨的開發挑戰主要來自不同領域的溝通。相對而言,維持內部開發的作業模組式系統的挑戰則是新標的的尋覓。

關鍵活動決定成本結構、收益模式、通路與顧客關係

無論是食材挑選或是可重複開發之系統,兩者皆是品牌「關鍵活動」的一部分。關鍵活動是企業創造價值所必須完成的所有事情,其運作模式也同時決定了產品服務的成本結構與收益模式、通路以及顧客關係。

本書個案品牌旗下的關鍵活動,為符合其價值主張──兼具高品質、品牌理想與社會關懷,皆發展出「價值導向」的成本結

構；其產品服務多以精緻食品為核心向外延伸，因此「收益模式」也以最單純的產品買賣服務為主。隨著品牌的成長、產品類型的擴充，除了逐步發展出不同的收益模式（會員制度、禮品組合等）與收費管道（從網購到實體通路、自營通路等），同時，關鍵活動也因可複製在不同的產品或服務的開發，降低了相關開發成本，學習曲線的逐步累積進而產生範疇經濟，降低了價值導向成本結構所產生的成本壓力。

通路可簡單分成自營通路及外部通路，同樣都是關鍵活動的一部分。多數個案先自低成本的自營網路購物開始，逐步打出知名度後，接著發展外部通路及自營實體通路。隨著通路選項的增加，關鍵活動的運作也會日趨複雜。

顧客關係往往伴隨著通路成長而日益完整。回顧本書摘錄的八支品牌，在創業初期，顧客關係因人力不足的緣故，多半都是創業者身體力行，以最基礎的客戶服務進行維繫。慢慢地，隨著產品線、產品服務類型和通路管道的擴增，開始投放正式人員提升顧客關係。畢竟，在訴諸品牌價值、服務至上的現在，顧客關係將會是所有企業長期投資的關鍵區塊。

走出：台灣之外的未來腳步

創業數年，走過市場摸索、產品開發等種種磨練，八支品牌準備進軍國際市場。對它們而言，踏出台灣除了現有市場規模的

限制，背後更具有深層的民族期許，那就是讓台灣的精食被看見，更被肯定。

可以預見未來這些品牌會以兩類路線向海外延伸：原味千尋、吾穀茶糧與茶山花印，準備逐步邁向大陸市場；掌生穀粒、在欉紅、大呷麵本家與樂朋則朝港澳、歐洲市場延伸；春一枝往日本、東南亞前進。

如它們給予台灣土地那濃郁的情感，在此，筆者也對這八支品牌獻上滿滿的祝福。

國家圖書館出版品預行編目（CIP）資料

來自土地的夢想事業：台灣食文化品牌創業紀錄 /
　　王姿婷 , 莊晛英著.
　　-- 初版. -- 臺北市：遠流, 2013.9
　　　　面；　　公分
　　ISBN 978-957-32-7291-5（平裝）
　　1. 食品工業　2. 品牌　3. 企業經營
463　　　　　　　　　　　　　　102019333

來自土地的夢想事業
台灣食文化品牌創業紀錄

作者——王姿婷、莊晛英
總策劃——國立政治大學創新與創造力研究中心
統籌——溫肇東、郭麗華
主編——曾淑正
美術設計——李俊輝
行銷企劃——叢昌瑜

發行人—— 王榮文
出版發行—— 遠流出版事業股份有限公司
地址—— 台北市南昌路二段81號6樓
電話—— (02) 23926899　傳真—— (02) 23926658
劃撥帳號—— 0189456-1

著作權顧問—— 蕭雄淋律師
法律顧問—— 董安丹律師

2013年9月 初版一刷
行政院新聞局局版台業字第1295號
售價—— 新台幣350元

YLib遠流博識網　http://www.ylib.com
　　　　　　　　E-mail: ylib@ylib.com
本書為教育部補助國立政治大學邁向頂尖大學計畫成果，
著作財產權歸國立政治大學所有

Sanyi
Impression
茶山花印

掌生穀粒

大呷麵本家

SIID
CHA
TAIWAN FLAVOR